妈妈给亲亲宝贝的
可爱钩织服饰

〔日〕川路祐三子 著

于 勇 译

河南科学技术出版社

·郑州·

CONTENTS

   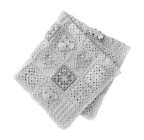

带宝宝裙的束口连体裤

1...宝宝帽

2...宝宝裙

3...束口连体裤

50 ~ 80cm　钩织方法 32 ~ 36 页

小小礼服裙
有了马海毛的松软，平添了几许迷人浪漫

小领子束口连体裤外搭宝宝裙，楚楚动人。
宝宝被抱着时裤口也不会敞开。
宝宝裙采用了束腰上衣的风格，
可作为外出常备衣物，也可单件穿着。

褶皱满满的
可爱小裙，舒适度百分百

使用所有季节均可穿着且极其亲肤的有机棉线。
育克以下满布褶皱的设计，
最能衬托宝宝稚嫩可爱的笑脸。
帽子的褶边呵护宝宝的脸周，温柔美丽。

有机棉宝宝裙

4... 褶边公主帽

5... 百褶亲肤宝宝裙

50 ~ 70cm　钩织方法 33 页、38 ~ 40 页

6...花片饰边小毛毯

钩织方法31页

花瓣似的花片
轻柔裹身，呵护娇嫩的宝宝

花朵花片环簇着本白色素雅的花样。

羊毛线柔软细腻，钩织轻盈，体贴肌肤。

不仅夜晚可做宝宝被，白天推着婴儿车外出时还可守护酣睡中的宝贝。

7...糖果色花片拼接毛毯

钩织方法 42 页

花片上的
小熊花片最是引人注目

各种各样糖果色花片相连而成的毛毯。

睡觉用、外出用，是每日守护宝宝的必备用品。

小熊花片最讨宝宝的喜爱。

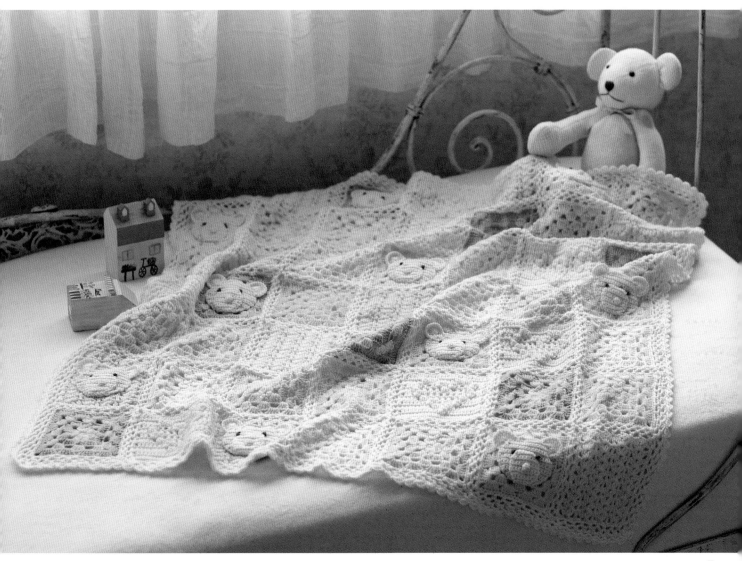

8...掩襟系带式长背心裙

70cm　钩织方法 44 页

完全盖住小屁屁的
长度，真好

育克处素雅，
裙体处蓬松，保暖效果非同寻常。
掩襟式衣领，宝宝躺着也容易穿着，而且还便于调节体温。

有机棉线钩织的
实用、漂亮长背心裙

有机棉线长背心裙
下摆扩展、衣袖轻盈，小巧又可爱。
特别推荐给春夏季出生的宝宝贴身穿着，或是作为宝宝外出时的装扮。

9...花片盖袖长背心裙

70cm　钩织方法 46 页

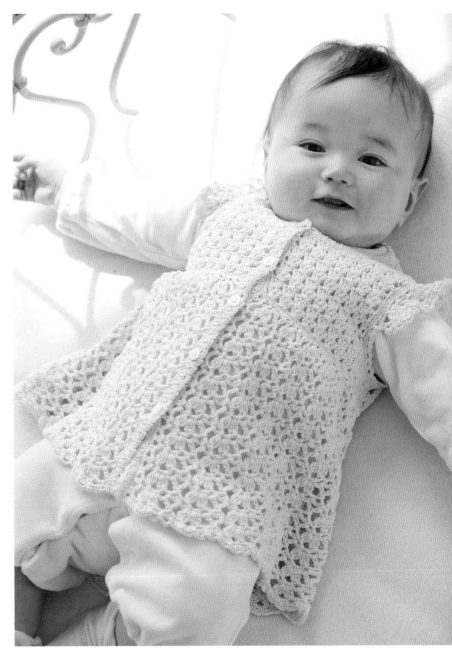

圆圆的育克搭以扩展的下摆，
甜美的设计让人心生怜爱

圆育克的编织花样与
A 字形轮廓，最能凸显宝宝的甜美可爱。
虽然织有衣袖，但主要是长针钩织，所以要比看上去更容易完成。
再搭配贝雷帽，漂亮指数爆表。

圆育克 A 形开衫和萌娃贝雷帽

10... 萌娃贝雷帽
11... 圆育克 A 形开衫

70cm　钩织方法 48 页

宝宝人见人爱的秘诀，
萌哒哒！

起伏连绵的边缘编织是背心的绝妙点缀，
男女宝宝都适合穿着。
搭配的帽子因其褶饰的帽檐更显可爱。
背心的钩织方法附有步骤图及详细介绍（28页）。

奶油色背心和帽子

12...圆形褶檐帽

13...奶油色背心

80cm　钩织方法 28 ~ 30 页

花朵花片披风和帽子

全是女宝宝最爱的
花朵花片和褶边

雅致的披风上环簇着浓淡相宜的
粉色花朵花片。
衣领可用飘带调节大小，
紧缩后呈现的褶边，娇俏可爱。
搭配帽子后，更显稚嫩、漂亮。

16...小熊耳朵披风

80cm　钩织方法 52 页

**冬日外出时
变身白熊宝宝！**

细羊毛线和马海毛线2股线一起钩织，
由于线粗所以钩织方便。
又因用的是马海毛，所以织物的轻柔、保暖非比一般。
风帽上加饰了萌哒哒的小熊耳朵。

背心做底，
感受贴花片的魅力

衣袖的褶边是女宝宝衣物的经典设计，
花样简单的背心
后面用飘带进行连接。
此件点缀了郁金香贴花片，
根据个人喜好，
也可选用另外3种大小不同的贴花片。

17...郁金香背心

70cm　钩织方法 54 页

女宝宝的贴花片

18...花朵蕾丝（见封三）

19...小兔（见封二）

20...法式泡芙（见封二）

男宝宝的背心
在后背上点缀了小汽车贴花片

绿色的法式领搭配双排扣，
帅气逼人。
红色的小汽车似乎是男宝宝的最爱。
贴花片还有稍大的帆船、小狗和棒球。

21...帅气的汽车背心

70cm 钩织方法 66 页

男宝宝的贴花片

22...棒球（见 80 页）

23...小狗（见 80 页）

24...帆船（见 79 页）

酒红色
开衫和帽子

25...披肩式育克开衫

26...罗纹边瓜皮帽

80cm　钩织方法 56 页

精美的织片，
释放出小小淑女的独有气质

开衫用酒红色细织线精心钩织而成。
育克的褶边是另外钩织后，缝合在一起的。
不是想象中的那么难。
罗纹边瓜皮帽必须手工钩织哦。

参加聚会或做客时穿着，
值得拥有

有本白色花朵和花边点缀、
丝带装饰腰部的深蓝色连衣裙，
可爱大方，雅致得体，也适合出席隆重的邀请。
即使没有垂边腰饰，简单素朴也不失可爱。
如果加长裙体，也会依然美丽。

带垂边腰饰的连衣裙

80cm　钩织方法 58 页

阳光般灿烂的
小女孩

浓淡的橙色中织入本白色的横条，
再用吊带连接成舒适凉爽的棉线夏日裙。
里面套入T恤，变作束腰上衣风格
可以穿三个季节。

29...橙色夏日吊带裙

80cm　钩织方法 36 页

果绿色和玫红色的组合
新鲜靓丽！

玫红色和紫色花朵装饰的裙摆，
绿色的 A 字裙形，小美女范十足。
内套针织衣时，褶边衣袖也是很好的点缀。
戴上发带，更显可爱。

A 形连衣裙和发带

30...花朵发带
31...靓丽的 A 形连衣裙

80cm　钩织方法 60 页

凭借段染线的魅力，即可简单钩织成
漂亮的无纽扣上衣

圆形下摆的线条和蕾丝风格的边缘编织甜美雅致。
织片看似钩织精心细致，
其实是段染线的魅力，因此新手也无须畏惧哦。
搭上手提包，一定是您喜欢的宝宝外出装扮。

白色饰边无纽扣上衣和手提包

32...白色饰边无纽扣上衣
33...白色蕾丝边手提包

80cm　钩织方法 62 页

如同精心制作的甜美蛋糕！

下摆、衣袖都点缀着花朵的开衫。
方眼钩织，制作快，短时间内即可完工。
贝雷帽也饰有许多花朵，灿烂可爱。
还可钩织一朵花作发饰。

花朵盛开的开衫和帽子

34...甜美的玫瑰花开衫
35...甜美的玫瑰花贝雷帽

80cm　钩织方法 64 ~ 66 页

80cm　钩织方法 68 页

猫咪点缀的夹克衫，
神气可爱

特别推荐给小小男子汉的轻便夹克衫。
织片简单，长针钩织为主。
猫咪贴花片
换成小熊贴花片(见7页)或小狗贴花片(见15页)，
一样可爱。

左右不对称的夹克衫和护耳帽

组合配色，
更显帅气可爱！

左右不对称的编排图案、
组合色彩，尽显个性。
长针钩织的夹克衫，后背的口袋尤为可爱。
帽子加饰了漂亮的毛绒球和保暖的护耳，更显帅气。

浓淡渐变色的
披肩和帽子

流苏多多，
展开后的轮廓更加漂亮！

段染线的自然钩织，呈现出浓淡渐变的美妙。
优质柔软的羊毛线，确保作品的完美。
飘带调节颈周的大小，所以适当增加长度，披肩可用到2~3岁。

适合宝宝的披肩，
花片是最为出彩之处

下摆处的花片相连一起，使得单色调的浓淡渐变色更加活泼可爱。
钩织下摆的花片，相连成环形后，
向上一圈一圈做筒状钩织。最后钩织搭配的帽子。

单色调浓淡渐变色的帽子和披风

41...俏皮的花片帽

42...花片下摆的披风

80 ~ 90cm　钩织方法 72 页

43...多功能小兔宝宝外套

50 ~ 80cm　钩织方法 74 页

寒冷的冬天可一直
装扮成小熊离家外出

新生宝宝用作宝宝被，会迈步的宝宝则可当作外套。
颜色偏暗的段染线搭配白色毛茸茸的饰边。
风帽的耳朵、后背的蝴蝶结、包扣等都是施展妙手之处。

44...小熊宝宝外套

50 ～ 80cm　钩织方法 76 页

女孩子装扮小熊也不错哟，
后面的小熊贴花片可爱至极

本白色和驼色的钩织素雅恬淡。
不仅缝有拉链，而且还用了梭形扣，
即使剧烈运动，前面也不会轻易绽开。
点缀动感的泡泡，是逐个钩织上去的。

看图钩织

材料

线 / 和麻纳卡可爱宝贝（中粗）奶油色（3）
100g、本白色（2）50g
纽扣 / 直径1.3cm 心形3颗
针 / 5/0号钩针　毛线缝针

密度

边长10cm 的方形内：编织花样21针、8.5
行

配色

奶油色织片为主体，本白色边缘编织作饰
边。建议用"可爱宝贝"不同的颜色与本
白色组合。用你喜欢的配色来钩织吧。

粉色（5）	蓝色（6）	绿色（14）	浅橙色（20）
×	×	×	×
本白色	本白色	本白色	本白色

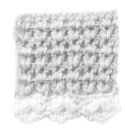
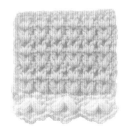

[编织花样的实物等大针目]

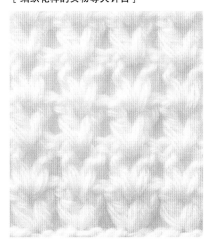

编织花样

1　不要急于钩织，先试着钩一片小样片。
用5/0号针、1股线起15~20针。

2　接着立织3针锁针，挑起锁针起针上
面的1股线，钩织长针和锁针的花样。往
返钩织同一花样。

3　钩织五六行后，对比实物等大的针目。
不熟练时，或针目过大，或织片紧缩，不
过稍稍熟练之后，针目就会均匀了。再次
确认一下针目的大小，开始钩织吧。

（编织花样）

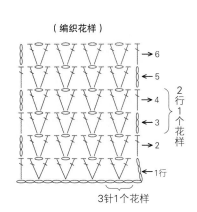

3针1个花样

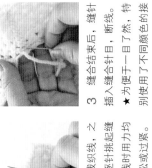

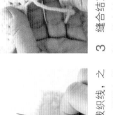

钩织顺序

1 钩织前、后身片

起101针，左、右前门襟处加针一直钩到胁处，从胁上方钩加针连续钩织。加线后钩加线的右前、加线后预留后面的左前、加线后钩织终点预留后身部的编织线终，作为之后挑针接缝用线。

2 挑针接缝肩部

1 完成钩织的前、后肩部正面相对（内侧）叠放正面朝上，缝针穿上预留织线后逐针挑起前、后肩部的锁针2股线。

2 向后引拔织线，之后返至前面逐针挑针缝合。注意拉线时用力均匀，以免过松或过紧。

3 插入缝合针目，缝针缝结结束后，断线。

★ 为便于一目了然，特别使用了不同颜色的接缝缝织。

[背心]

右前门襟 14 (12行)
5.5 (12针) 5 (11针) 5 (11针) 5.5 (12针)
6 (5行) 14 (12行) 6 (5行)
减12针 减8针 15 (31针)
25针
左前门襟 胁 加12针
5 (11针) 12 (25针) 5 (11针)
14 (12行) 14 (12行)
减12针 减8针 15 (31针)
12 (10行) 9 (19针)

前、后身片（编织花样）
48（锁针101针）起针 30 (63针)
9 (19针) 12 (10针) 9 (19针)
63针挑针 63针挑针

（边缘编织 A）2.5 (3行) 本白色
2.5 (3行)
6 (5行) 14 (12行) 6 (5行)
1行

[前、后身片]

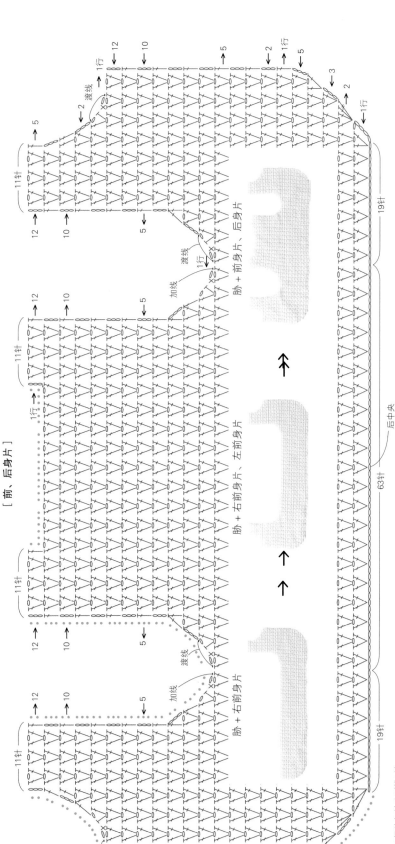

11针 12 10 5 ↑12 ↑10 →5 →2 →1行 →5 →3 →2 →1行
渡线 加线 19针
胁＋前身片、后身片
后中央 63针 后中央
胁＋右前身片、左前身片
胁＋右前身片
渡线 加线 19针
11针 12 10 5

＊ ＝边缘编织 A 的挑针位置。下摆处每针分别挑1针。

2

3 完成边缘编织即算大功告成

1 领窝、前端、下摆连续钩织边缘编织。直接挑起左前身片上边的长针立柱，钩引拔针。

2 边缘编织的第1行钩织一周短针。挑针位置参看29页的符号图。

3 第2行从起始处钩织中长针的枣形针，是先立织2针锁针，针上挂线后将线拉出，拉线时注意2针锁针的高度一样。

4 第3行钩织海扇形花样。腋下加线，开始钩织袖窿的边缘编织。如本页右侧所示，装饰上飘带，对齐扣眼，缝上纽扣。

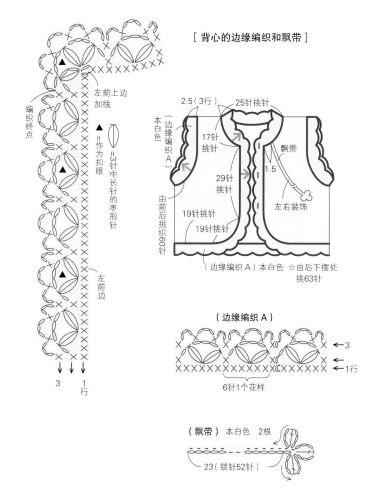

[背心的边缘编织和飘带]

编织终点

左前上边加线

▲ =作为扣眼

=3针中长针的枣形针

编织起点

左前边

3行 1行

2.5（3行）　25针挑针

本白色

（边缘编织）A

17针挑针

29针挑针

19针挑针
19针挑针

飘带

1.5

左右装饰

由前后挑织60针

（边缘编织A）本白色　☆由后下摆处挑63针

（边缘编织A）

6针1个花样

←3

←1行

（飘带）本白色　2根

23（锁针52针）

帽子

1 环形钩织与背心相同的编织花样。

2 在8个地方分别减针，抽紧剩余的针目。

3 头围处钩织边缘编织B。

3针　3针

←6
←5
←4
←3
←2
←1行

←6
←5
←4
←3
←2
←1行

12针　12针

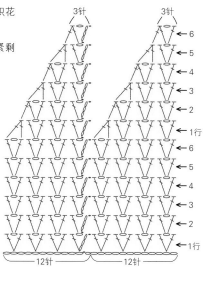

[帽子]

连续钩织　各减9针　★编织线穿入剩余的24针针目后抽紧

3针

7（6行）

7（6行）

12针

折边

折边　46（锁针96针）起针、连接成环形　折边

折边　96针挑针　折边

3.5（5行）　20个花样　（边缘编织B）本白色　第2~3行各加12针

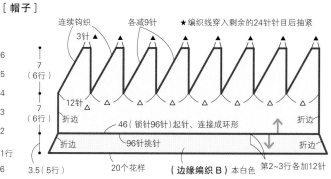

（边缘编织B）

5针1个花样

←5
←4
←3
←2
←1行

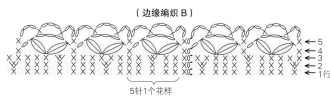

作品的钩织方法

6... 花片饰边小毛毯 6页

材料

线 / 和麻纳卡 Cupid（中细）本白色（6）
320g

针 /4/0号钩针

密度

边长10cm的正方形织片：25针、10行

钩织方法

★1股线，4/0号针钩织。

1 钩织编织花样，制作边长73cm 的方形毛毯。

2 钩织完第1片花片，从第2片开始，在钩织第3行的狗牙针时，变锁针为引拔针，与相邻的花片连接。

3 将40片花片连成边框，并缝合在毛毯周边。

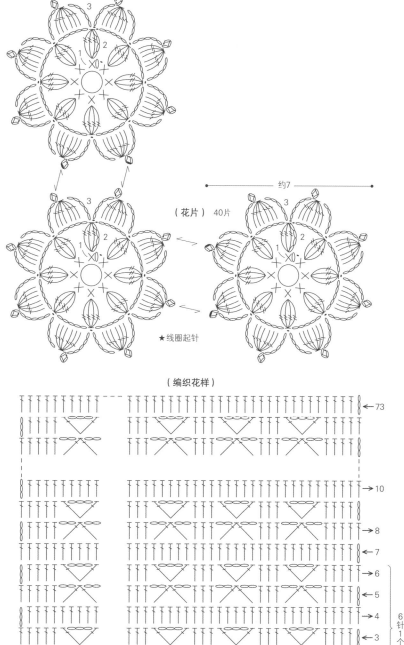

（花片） 40片

约7

★线圈起针

（编织花样）

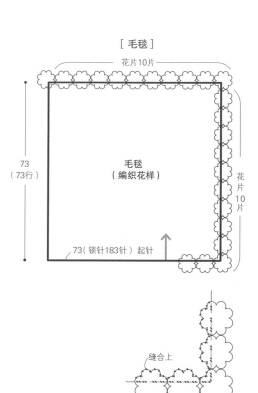

［毛毯］

花片10片

73
（73行）

毛毯
（编织花样）

花片10片

73（锁针183针）起针

缝合上

←73

→10

←8

←7

←6

←5

←4

←3

←2

←1行

6针1个花样

8针1个花样

★宝宝帽的钩织方法参见36页。

材料

线 / 和麻纳卡 Cupid（中细）本白色（6）
270g　和麻纳卡马海毛（中细）本白色（1）
115g

纽扣 / 裤子用直径1.3cm 的贝壳圆扣6颗，
宝宝裙用直径1.3cm 的珍珠圆扣3颗

附件 / 白色松紧带1.4m

针 /4/0号、5/0号钩针

密度

边长10cm的方形织片：连体裤的编织花
样27针、10.5行；宝宝裙的编织花样A
25针、9行，编织花样B 23针、11.5行

钩织方法

★宝宝裙用马海毛1股线、5/0号针钩织，
连体裤用 Cupid1股线、4/0号针钩织。

[宝宝裙]

1　先分别钩织前、后身片的编织花样，
然后腋下缝合。

2　从身片的起针处一共挑143针，连续
钩织前、后裙片。重复钩织多于挑织针目
的编织花样，扩展裙摆。

3　拼缝肩部，钩织领窝、前门襟、袖窿
处的边缘编织，纽扣缝于左前门襟。

[连体裤]

1　先从裤片开始，钩织编织花样 A，前、
后裤片钩织同样的下裆。后裤片钩织左右
立裆，缝合中央处的立裆后，连续钩织后
身片。

2　前身片左右对称钩织下裆、立裆、上
身片。

3　拼缝肩部，缝合胁处、下裆，前面开口
处钩织边缘编织，然后看着身片的背面，挑
针钩织衣领。

4　缝合袖下，袖口处钩织边缘编织。袖
口、裤口的边缘编织处，穿上2根松紧带，
缩褶。

[宝宝裙]

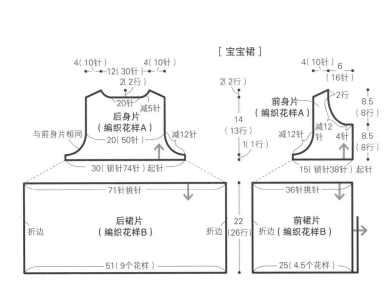

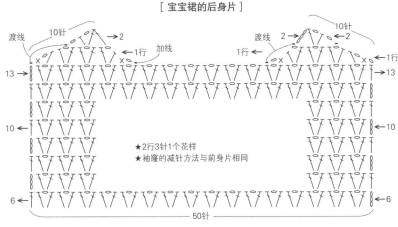

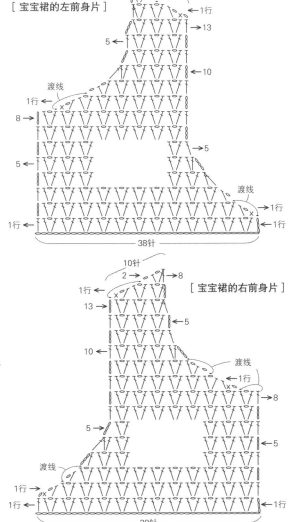

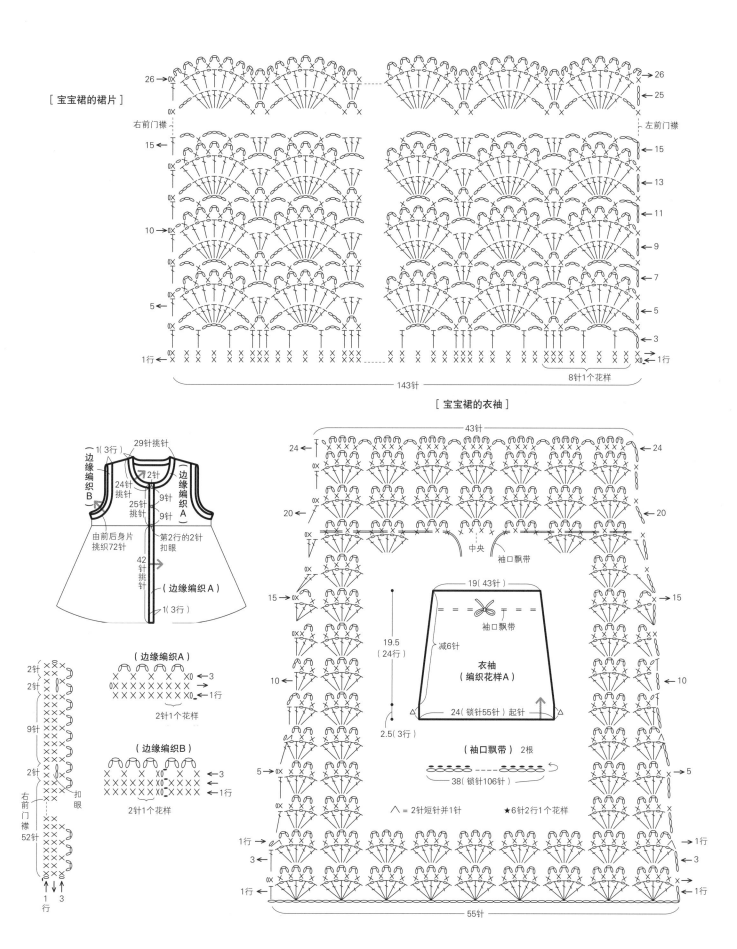

[宝宝裙的裙片]

右前门襟

左前门襟

26

25

15

13

11

9

7

5

3

1行

8针1个花样

143针

[宝宝裙的衣袖]

29针挑针

（边缘编织B）

1（3行）

2针

24针挑针

25针挑针

9针

9针

由前后身片挑织72针

第2行的2针扣眼

42针挑针

（边缘编织A）

1（3行）

（边缘编织A）

3

1行

2针1个花样

（边缘编织B）

3

1行

2针1个花样

2针

2针

9针

2针

右前门襟52针

扣眼

1行

3

43针

24

20

15

10

5

1行

3

1行

中央

袖口飘带

19（43针）

袖口飘带

19.5（24行）

减6针

衣袖（编织花样A）

24（锁针55针）起针

2.5（3行）

（袖口飘带）2根

38（锁针106针）

∧ = 2针短针并1针

★6针2行1个花样

55针

24

20

15

10

5

3

1行

33

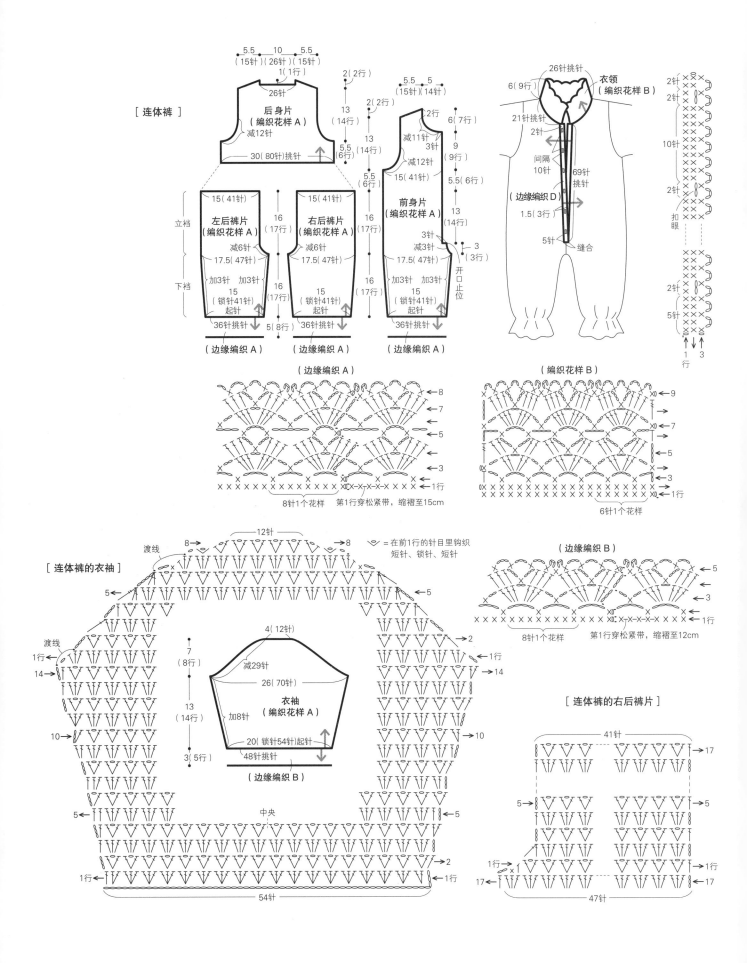

［连体裤］

5.5 10 5.5
(15针)(26针)(15针)
1(1行)

后身片
(编织花样A)
减12针
30(80针)挑针

2(2行)
13
(14行)
2(2行)
13
(14行)
5.5
(6行)

5.5 5
(15针)(14针)

前身片
(编织花样A)
减11针
3针
减12针
15(41针)
17.5(47针)
3针
15
(锁针41针)
起针
36针挑针

2行
6(7行)
9
(9行)
5.5(6行)
13
(14行)
3
(3行)
开口止位

15(41针)
左后裤片
(编织花样A)
减6针
17.5(47针)
加3针 加3针
15
(锁针41针)
起针
36针挑针

15(41针)
右后裤片
(编织花样A)
减6针
17.5(47针)
15
(锁针41针)
起针
36针挑针

立裆
下裆

16(17行)
16(17行)
5(8行)
16(17行)
16(17行)

(边缘编织A)
(边缘编织A)
(边缘编织A)

26针挑针
衣领
(编织花样B)
6(9行)
21针挑针
2针
间隔
10针
69针挑针
(边缘编织D)
1.5(3行)
5针
缝合

2针
2针
10针
2针
扣眼
2针
5针
1行 3

（边缘编织A）
8针1个花样 第1行穿松紧带，缩褶至15cm

（编织花样B）
6针1个花样

［连体裤的衣袖］
12针
8
渡线
5
渡线
1行
14
10
5
中央
5
1行
54针

4(12针)
减29针
26(70针)
衣袖
(编织花样A)
加8针
20(锁针54针)起针
48针挑针
(边缘编织B)
7(8行)
13(14行)
3(5行)

= 在前1行的针目里钩织
短针、锁针、短针

（边缘编织B）
8针1个花样 第1行穿松紧带，缩褶至12cm

［连体裤的右后裤片］
41针
17
5
5
1行 x 1
17
1行
47针
5
1行
17
17

34

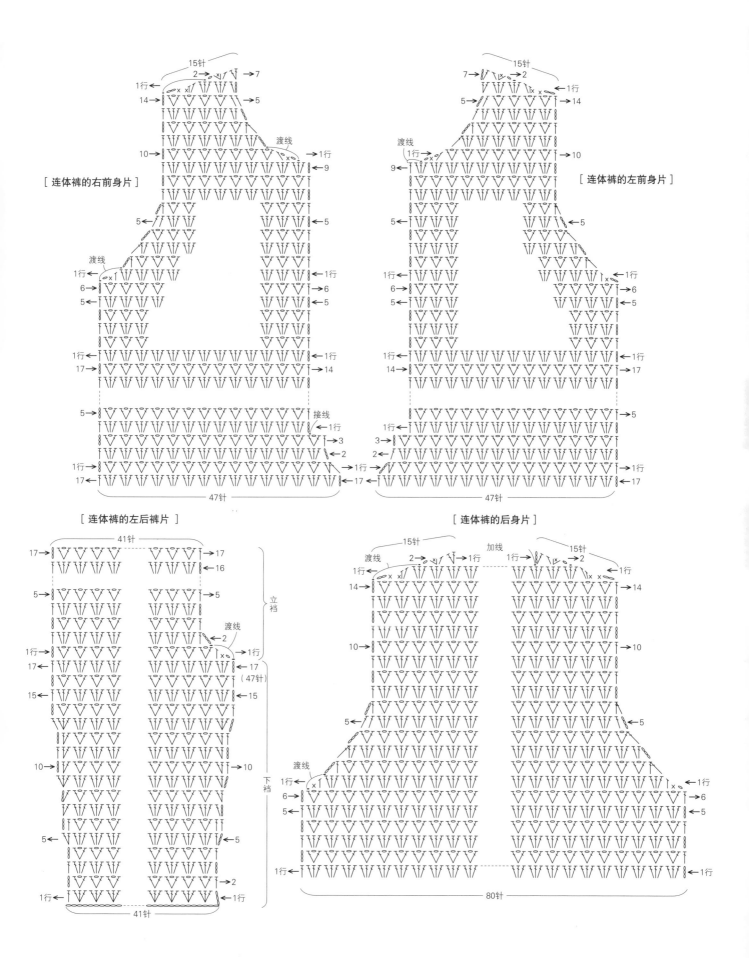

[连体裤的右前身片]

[连体裤的左前身片]

[连体裤的左后裤片]

[连体裤的后身片]

★宝宝帽的材料参见32页。

钩织方法

1 在头围起针环形钩织编织花样，从起针处挑针进行边缘编织。编织花样、边缘编织均使用 Cupid 线。

2 抽紧帽顶，在边缘编织的第1行钩织马海毛饰边。

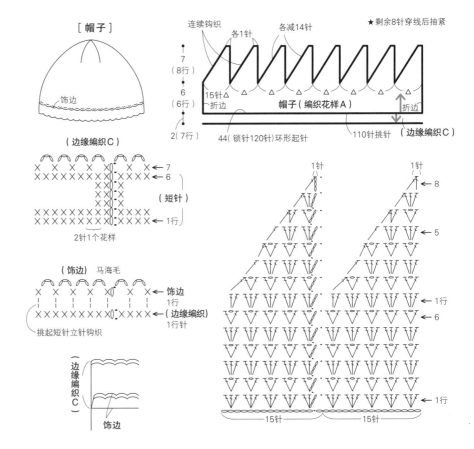

[帽子]

饰边

（边缘编织C）

（短针）

2针1个花样

（饰边） 马海毛

挑起短针立针钩织

（边缘编织C）

饰边

连续钩织

各1针 各减14针

★剩余8针穿线后抽紧

帽子（编织花样A）

15针 折边

44（锁针120针）环形起针

110针挑针 （边缘编织C）

材料

线／和麻纳卡 Aprico(极细) 橙色(3)65g、浅橙色(2)55g、本白色(1)30g

纽扣／直径1.3cm 圆形2颗

针／3/0号钩针

密度

边长10cm 的方形织片：编织花样 A 35针、12行

钩织方法

★1股线、3/0号针钩织。

1 按照编织花样的配色连续钩织前、后裙片。不剪断配色线，纵向渡线。中间分散加针。

2 裙子的起针处挑针钩织育克。

3 缝合后中央，后开口做边缘编织，对齐扣眼的位置缝上纽扣。

4 钩织4条吊带，分别锁针缝缝在前育克的正面、后育克的背面。

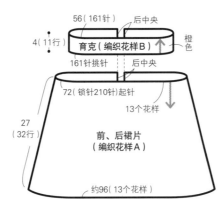

56（161针） 后中央

4（11行） 育克（编织花样B） 橙色

161针挑针 后中央

72（锁针210针）起针

13个花样

27（32行）

前、后裙片（编织花样A）

约96（13个花样）

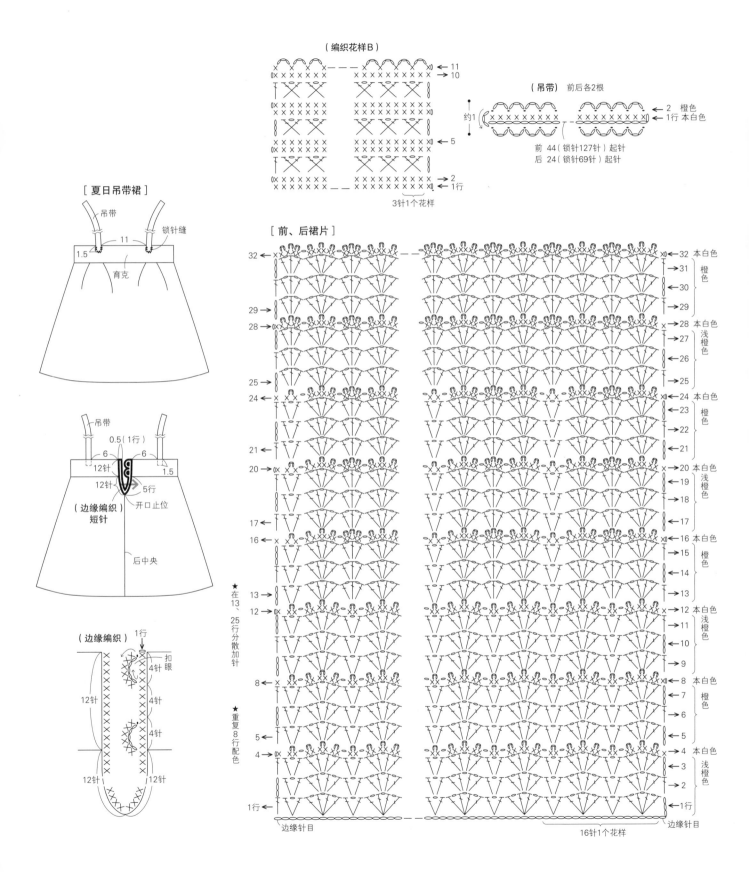

（编织花样B）

（吊带）前后各2根
2 橙色
1行 本白色

前 44（锁针127针）起针
后 24（锁针69针）起针

3针1个花样

[夏日吊带裙]

吊带
锁针缝
11
1.5
育克

吊带
0.5（1行）
6   6
12针
1.5
12针
5行
（边缘编织）
短针
开口止位
后中央

（边缘编织）
1行
扣眼
4针
12针   4针
4针
12针   12针

[前、后裙片]

★ 在13、25行分散加针
★ 重复8行配色

32 → 32 本白色
31 橙色
30
29 → 29
28 → 28 本白色
27 浅橙色
26
25 → 25
24 → 24 本白色
23 橙色
22
21 → 21
20 → 20 本白色
19 浅橙色
18
17 → 17
16 → 16 本白色
15 橙色
14
13 → 13
12 → 12 本白色
11 浅橙色
10
9
8 → 8 本白色
7 橙色
6
5 → 5
4 → 4 本白色
3 浅橙色
2
1行 → 1行

边缘针目   16针1个花样   边缘针目

★衣袖的钩织方法参见33页，帽子的钩织方法参见40页。

材料

线 / 和麻纳卡Paume（细）本白色（1）350g

纽扣 / 直径1.3cm 圆形10颗

针 /3/0号钩针

密度

边长10cm的方形织片：编织花样A 23针、12行，编织花样B 25针、16行

钩织方法

[宝宝裙]

★1股线、3/0号针钩织。

1 从前、后裙片的上侧向裙摆处钩织编织花样A。完成3行后，在腋下分别加6针，重复相同编织花样，一直织到第49行。第50、52行参照图示加针。

2 从裙片起针处挑针，钩织前、后育克。

3 拼缝育克的肩部，前门襟处做边缘编织。看着身片的背面，挑针钩织衣领。

4 钩织衣袖，将袖下与身片腋下缝合一起。

5 左前门襟钉缝纽扣。钩织领窝飘带、袖口飘带，领窝飘带固定在领窝上，袖口飘带穿过针目后打成蝴蝶结。

[帽子]

1 从脸围起针，向后脑勺方向钩织编织花样B。

2 图中的吻合标记对齐，脸围、颈围做边缘编织。

3 钩织飘带，穿过颈围处边缘编织的针目。

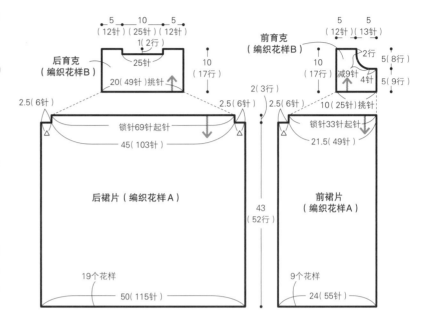

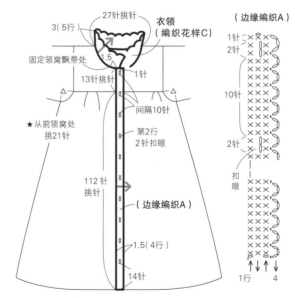

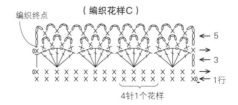

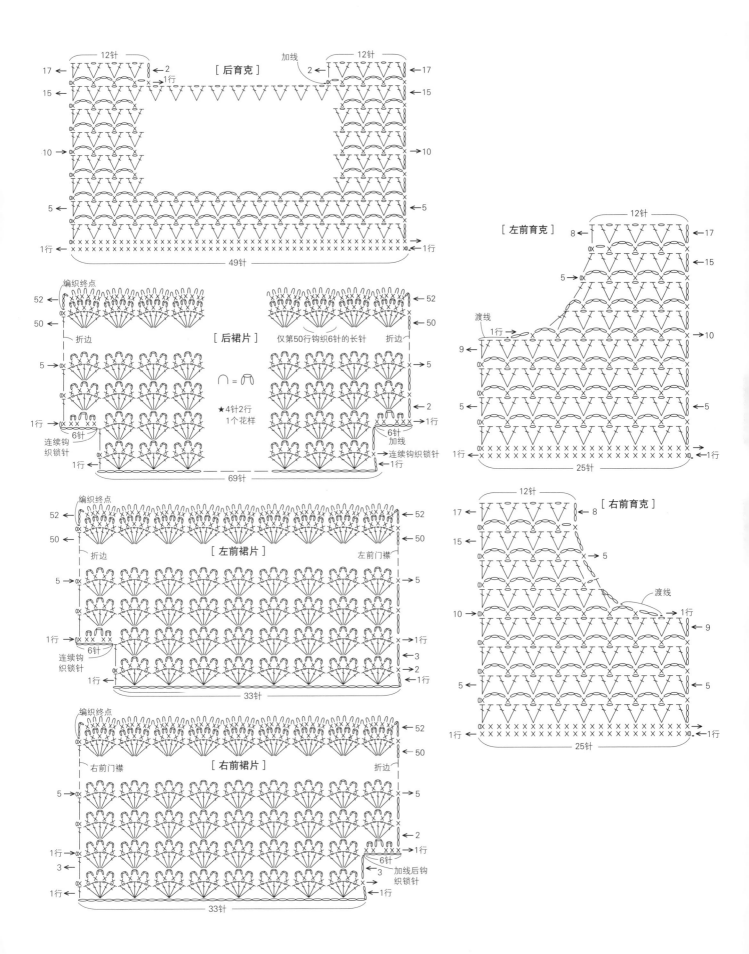

[后育克]

[左前育克]

[右前育克]

[后裙片]

∩ = ∩

★4针2行
1个花样

[左前裙片]

[右前裙片]

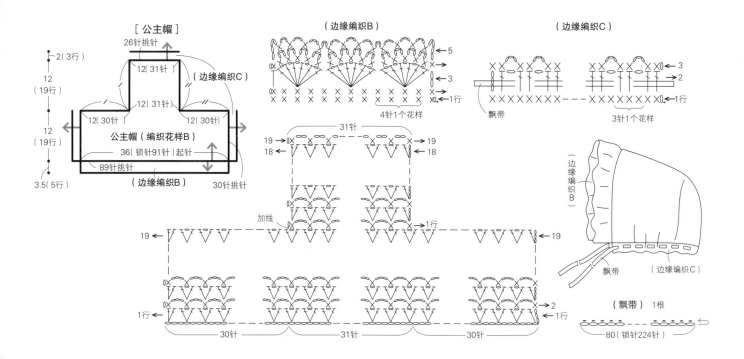

〔公主帽〕

26针挑针

2(3行)
12(19行)
12(19行)
12(19行)
3.5(5行)

12(31针)
12(31针)
（边缘编织C）

12(30针) 12(30针)
公主帽（编织花样B）
36(锁针91针)起针
89针挑针
（边缘编织B）
30针挑针

（边缘编织B）

4针1个花样
1行

（边缘编织C）

飘带
3
2
1行

3针1个花样

飘带

加线

31针
19
18

19
18

19
19

1行

2
1行

30针
31针
30针

边缘编织B

飘带
边缘编织C

（飘带）1根

80(锁针224针)

---

39 ... **艳丽的渐变色帽子** 24页　　**40** ... **流苏饰边渐变色披肩** 24页

材料

线 / 和麻纳卡 Alpaca Extra（粗段染线）红色系（7）300g

针 /6/0号钩针

密度

边长10cm 的方形织片：编织花样21针、11行

钩织方法

★2股线、6/0号针钩织。

〔披肩〕

1 在领窝处起针，环形钩织编织花样。将所起针目4等分钩织方形，参照图示，从第2行重复加针，钩织到第25行。

2 领窝处挑针，钩织衣领，下摆处加流苏饰边。

3 钩织飘带，从披肩的第1行针目中穿过。

〔帽子〕

1 头围起针钩织编织花样A。参照图示，帽顶在6处减针。

2 抽紧帽顶剩余针目，头围钩织编织花样B。

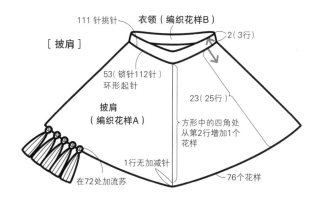

111 针挑针　　衣领（编织花样B）

〔披肩〕

2(3行)

53(锁针112针)
环形起针

披肩
（编织花样A）

23(25行)

方形中的四角处从第2行增加1个花样

1行无加减针

在72处加流苏

76个花样

（飘带）1根

110(锁针235针)

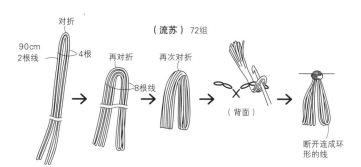

对折

90cm
2根线

4根

再对折

8根线

再次对折

（背面）

（流苏）72组

断开连成环形的线

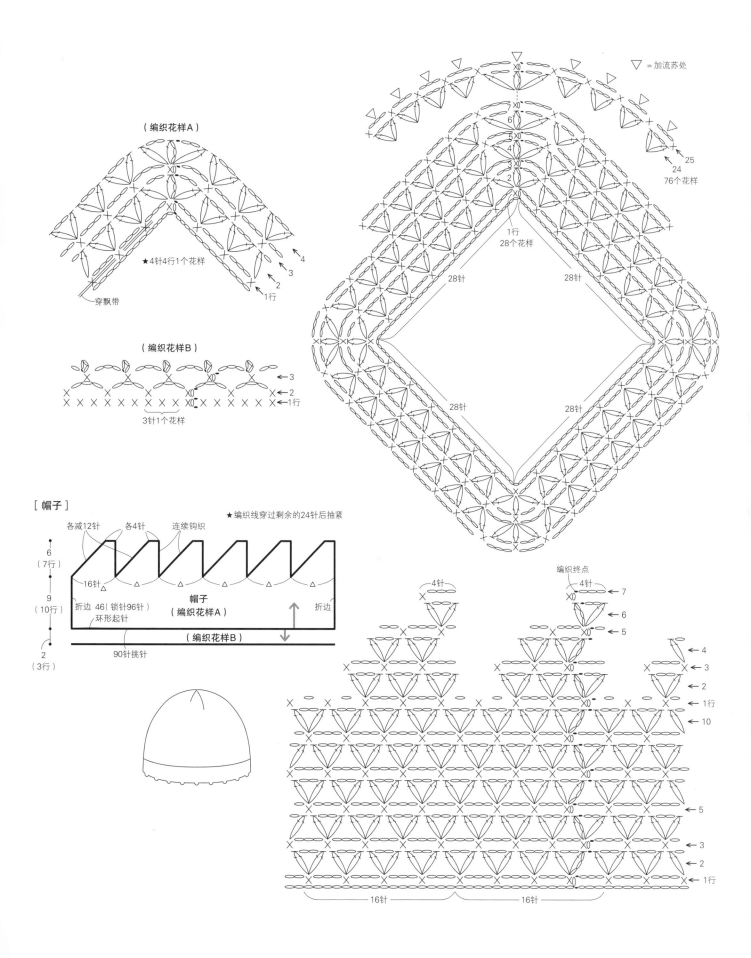

（编织花样A）

★4针4行1个花样

穿飘带

（编织花样B）

3针1个花样

[帽子]

★编织线穿过剩余的24针后抽紧

各减12针　各减4针　连续钩织

6
（7行）

9
（10行）

16针

2
（3行）

折边 46（锁针96针）
环形起针

帽子
（编织花样A）

折边

（编织花样B）

90针挑针

▽ =加流苏处

25
24
76个花样

6
5
4
3
2
1行

1行
28个花样

28针

28针

28针

28针

4针

编织终点

4针

7
6
5

4
3
2
1行
10

5

3
2
1行

16针

16针

41

材料

线 / 和麻纳卡 Cupid（中细）本白色（6）180g、绿色（7）75g、柠檬色（4）70g、婴儿粉色（3）60g、黄色（8）35g、蓝色（5）30g

和麻纳卡 Sonomono（粗）茶色（3）少许

针 /4/0 号钩针

密度

1 片花片约为边长 11cm 的方形

钩织方法

★ 1 股线、4/0 号针钩织花片和边缘编织。

1 将 49 片 3 种花片按照图示连成四边形。钩织完第 1 片，从第 2 片开始，在钩织各花片周围锁针的狗牙针时，用引拔针固定在相邻的花片上。花片 A~E 要逐行断线变换配色。

2 相连花片周围用本白色线钩织边缘编织 B。

3 钩织 10 片小熊贴片分 10 部分，面部组合完毕后缝在毛毯上。

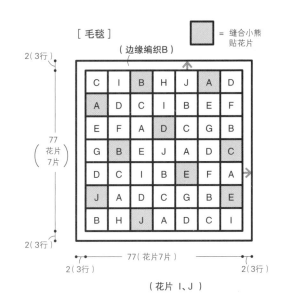

［毛毯］

◻ = 缝合小熊贴花片

（边缘编织 B）

C	I	B	H	J	A	D	D
A	D	C	I	B	E	F
E	F	A	D	C	G	B
G	B	E	J	A	D	C
D	C	I	B	E	F	A
J	A	D	C	G	B	E
B	H	J	A	D	C	I

2（3 行）

77 花片 7 片

77（花片 7 片）

2（3 行）   2（3 行）

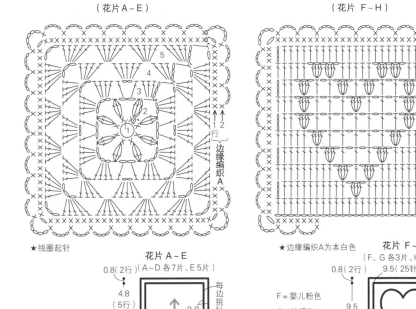

（花片 A~E）

★ 线圈起针

（花片 F~H）

★ 边缘编织 A 为本白色

（花片 I、J）

边缘编织 A

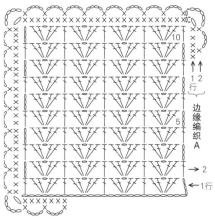

花片 A~E
0.8（2 行）（A~D 各 7 片、E 5 片）

4.8（5 行）
4.8（5 行）

0.8（2 行）
0.8（2 行）

（边缘编织 A）

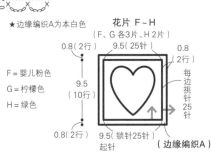

花片 F~H
（F、G 各 3 片、H 2 片）

F = 婴儿粉色
G = 柠檬色
H = 绿色

0.8（2 行） 9.5（25 针） 0.8（2 行）

9.5（10 行）

每边挑针 25 针

0.8（2 行） 9.5（锁针 25 针）起针

（边缘编织 A）

花片 I、J
（各 4 片）

（边缘编织 A）

I = 柠檬色
J = 婴儿粉色

0.8（2 行） 9.5（25 针） 0.8（2 行）

9.5（10 行）

每边挑针 25 针

0.8（2 行） 9.5（锁针 25 针）起针

［花片 A~E 的配色］

	A	B	C	D	E
1、2 行	本白色	绿色	黄色	黄色	绿色
3 行		蓝色	绿色	婴儿粉色	
4 行		绿色	黄色	黄色	
5 行		蓝色	绿色	婴儿粉色	
边缘编织 A	本白色	本白色	本白色	本白色	本白色

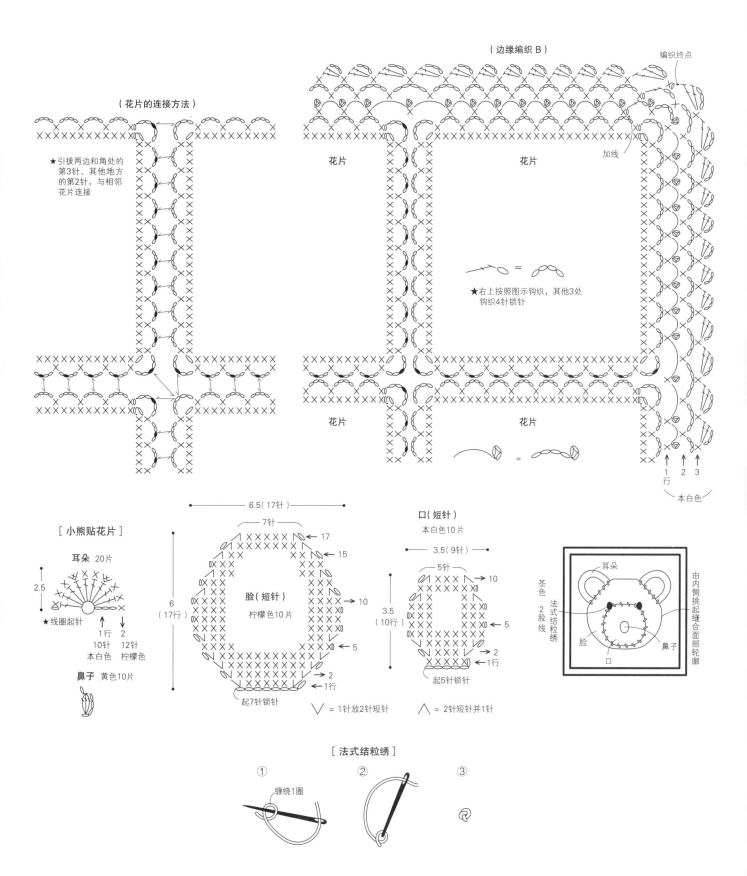

（边缘编织 B）

编织终点

（花片的连接方法）

★引拔两边和角处的
第3针、其他地方
的第2针，与相邻
花片连接

花片　　花片

花片　　花片

加线

★右上按照图示钩织，其他3处
钩织4针锁针

1
行
2
3

本白色

[小熊贴花片]

耳朵 20片

2.5

★线圈起针

1行　　2
10针　　12针
本白色　柠檬色

鼻子 黄色10片

6.5（17针）

7针

← 17

← 15

脸（短针）
柠檬色10片

← 10

← 5

← 2

起7针锁针　　← 1行

6
（17行）

∨ = 1针放2针短针　　∧ = 2针短针并1针

口（短针）

本白色10片

3.5（9针）

5针

← 10

← 5

← 2

起5针锁针　　← 1行

3.5
（10行）

耳朵

茶色
2
股线

法式
结粒绣

脸

鼻子

口

由内侧挑起缝合面部轮廓

[法式结粒绣]

① 缠绕1圈　　②　　③

43

材料

线 / 和麻纳卡 Cupid（中细）本白色（6）
150g

针 /3/0号钩针

密度

边长10cm 的方形织片：编织花样 A26针、
17行，编织花样 B32针、10行

钩织方法

★1股线、3/0号针钩织。

1 先分别钩织编织花样 A 完成前、后
身片，在起针处挑针向着下摆钩织前、后
裙片。裙片的第1行的针目比身片的起针
针目多，从第2行开始重复钩织相同编织
花样一直到下摆，自然扩展裙摆。

2 拼缝肩部，缝合胁处，领窝、前门襟、
袖窿处完成边缘编织。

3 在左、右前门襟重叠处缝合飘带和罗
纹绳。

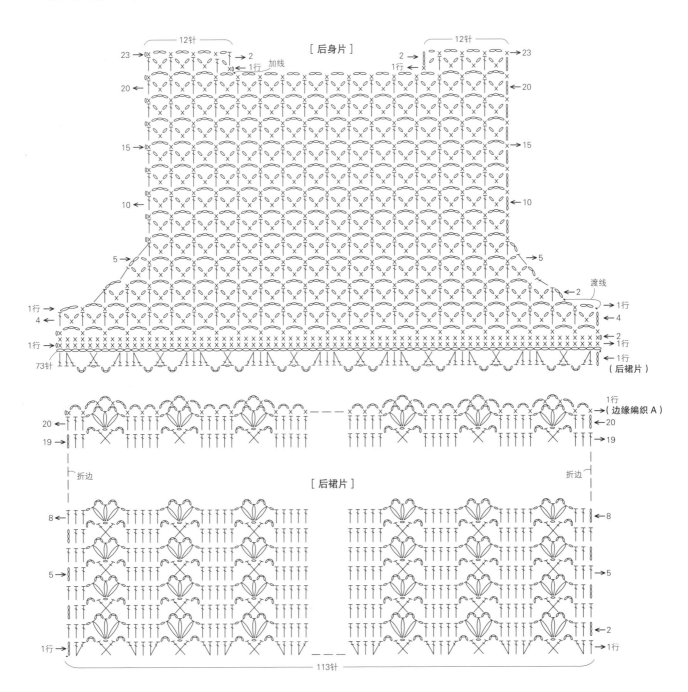

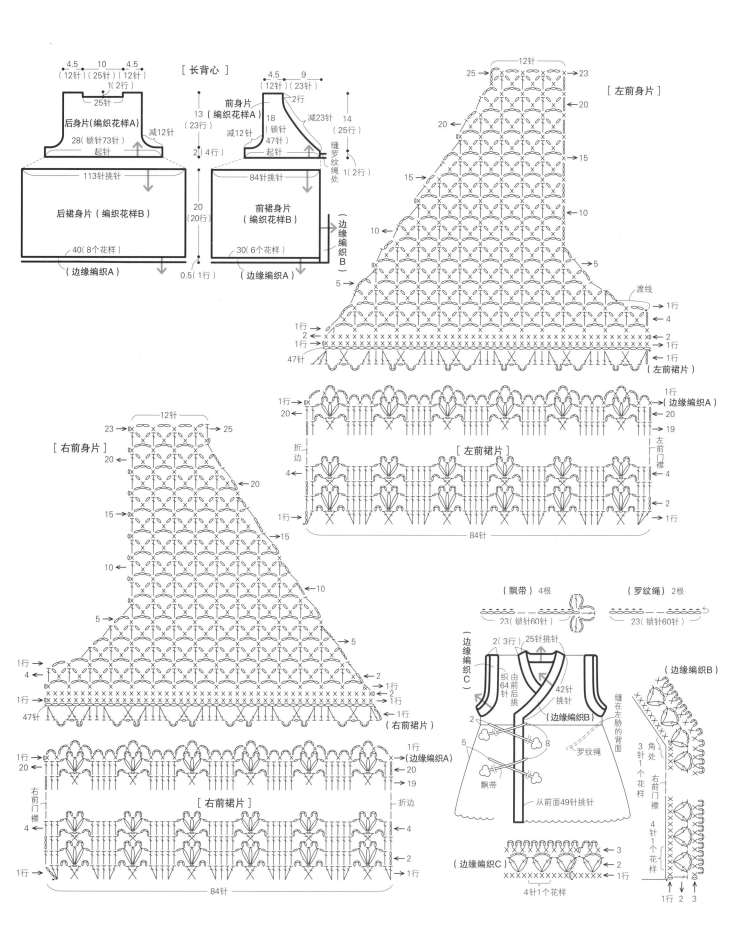

[长背心]

后身片（编织花样A）
4.5（12针） 10（25针） 4.5（12针）
1（2行）
25针
28（锁针73针）起针
减12针
113针挑针
后裙身片（编织花样B）
40（8个花样）
（边缘编织A）

前身片（编织花样A）
4.5（12针） 9（23针）
2行
13（23行）
18（锁针47针）起针
减12针
减23针
84针挑针
前裙身片（编织花样B）
30（6个花样）
（边缘编织A）
14（25行）
1（2行）
缝罗纹绳处
（边缘编织B）
20（20行）
0.5（1行）

[左前身片]
12针
25 23
20
20
15
15
10
10
5
5
渡线
1行
4
2
1行
1行
（左前裙片）
47针
2

[左前裙片]
1行
20
4
2
1行
（边缘编织A）
20
19
4
2
1行
折边
左前门襟
84针

[右前身片]
12针
23 25
20
20
15
15
10
10
5
5
1行
4
2
1行
1行
2
1行
（右前裙片）
47针

[右前裙片]
1行
20
4
2
1行
右前门襟
4
（边缘编织A）
20
19
折边
84针

（飘带）4根
23（锁针60针）

（罗纹绳）2根
23（锁针60针）

2（3行） 25针挑针
（边缘编织C）
织由64针后挑
42针挑针
（边缘编织B）
缝在左胁的背面
罗纹绳
2
5
8
飘带
从前面49针挑针

（边缘编织B）
角处
3针1个花样
右前门襟
4针1个花样

（边缘编织C）
3
2
1行
4针1个花样
1行 2 3

45

材料

线 / 和麻纳卡 Paume（有机棉）Crochet（细）本白色（1）120g

纽扣 / 直径1cm 圆形5颗

针 /3/0号钩针

密度

边长10cm 的方形织片：编织花样 A 25针、10行，编织花样 B 26针、10行

钩织方法

★1股线、3号针钩织。

1 腰部起针，钩织编织花样直到肩部，完成前、后身片。

2 缝合身片的胁处，在身片的腰部挑织所起针目，向着裙摆，连续钩织编织花样 B，完成裙片。如果第1行钩织较多数量的针目，重复相同编织花样到裙摆，则会

呈现出漂亮的褶裙。

3 袖隆处钩织衣袖。胁处加线环形钩织3行，4~6行做往返钩织。

4 领窝、前门襟处完成边缘编织，编织线劈开将袖口缝在前门襟上。

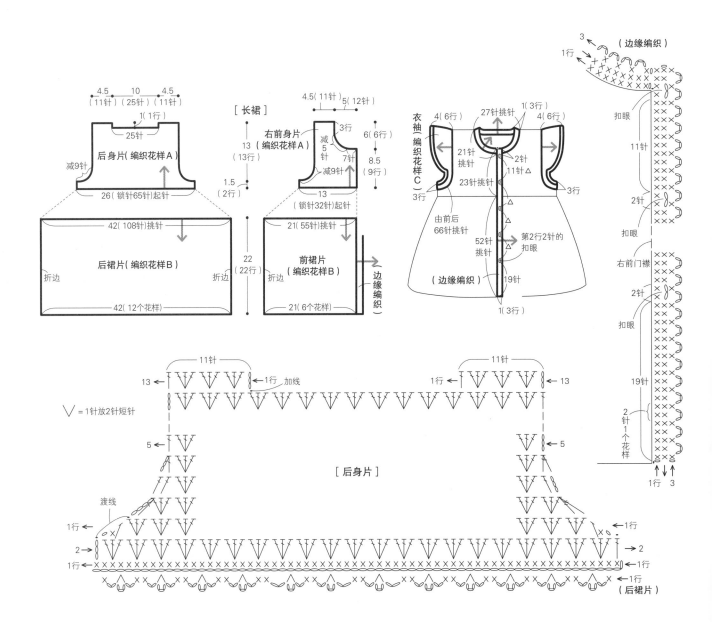

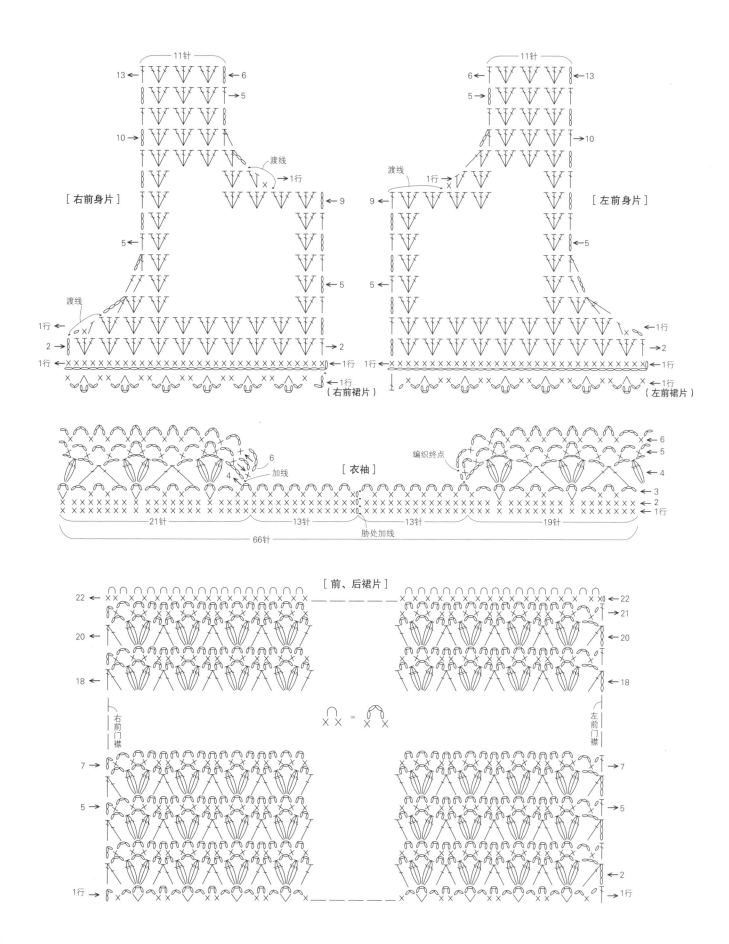

[右前身片]

[左前身片]

渡线

1行

渡线

（右前裙片）

（左前裙片）

[衣袖]

编织终点

加线

胁处加线

21针　　13针　　13针　　19针

66针

[前、后裙片]

右前门襟

左前门襟

材料

线 / 和麻纳卡可爱宝贝(粗)本白色(2)

225g

纽扣 / 宽1.5cm 的心形纽扣3颗

针 /5/0号钩针

密度

边长10cm 的方形织片：编织花样20针、

8行，长针19针、9行

钩织方法

★1股线、5/0号针钩织。

[贝雷帽]

1 头围起针做环形钩织。整体6等分，将编织花样和长针按照图示做加针和减针，完成贝雷帽的形状。

2 头围完成边缘编织，抽紧帽顶剩余针目，断线后装饰毛绒球。

[开衫]

1 首先长针钩织左右前身片、后身片及两侧的衣袖。接缝身片与衣袖的吻合标记，将前后身片、两只衣袖的上侧连成一排。

2 在接缝好的身片和衣袖上，连续钩织编织花样，完成育克。看着身片、衣袖的背面，挑针钩织第1行。每28针为1个单元，6个单元中分散减针，一直钩织到领窝处。

3 钉缝胁处和袖下，袖口、领窝、前门襟、下摆处完成边缘编织。

4 前门襟对齐边缘编织上的扣眼，在左前门襟上用缝线钉缝纽扣。

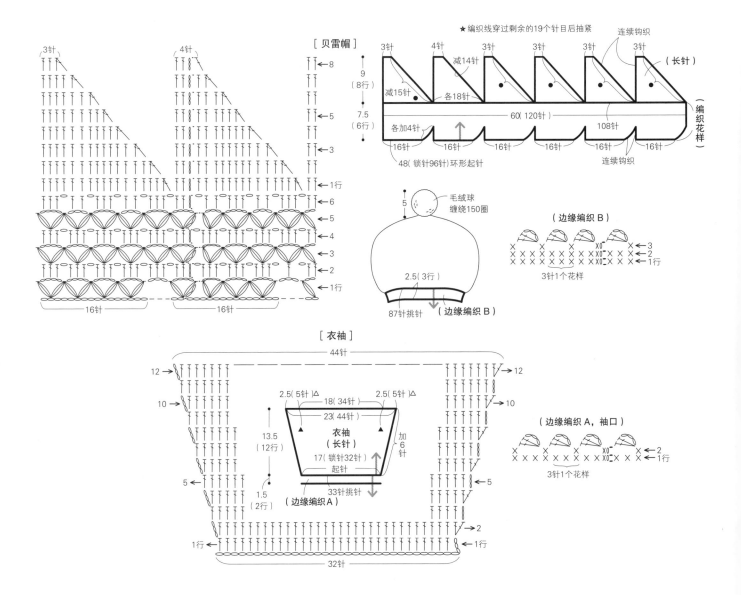

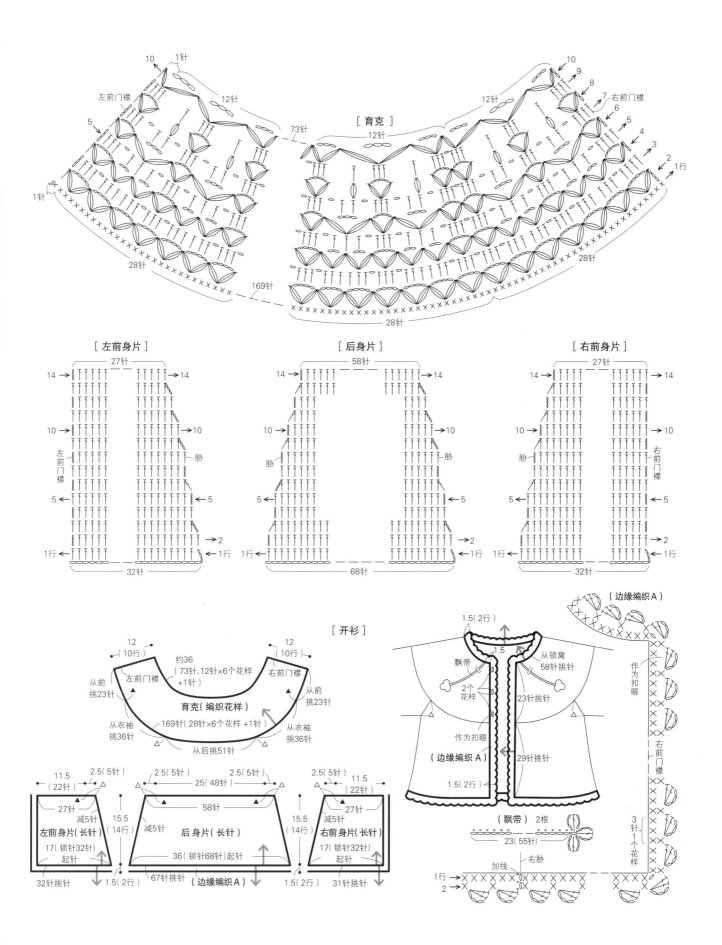

[育克]

[左前身片]　　　　　[后身片]　　　　　[右前身片]

[开衫]

（边缘编织A）

（飘带） 2根

材料

线/和麻纳卡Fair Lady50（中粗）本白色
（2）220g、粉色（9）75g、鲑鱼粉
色（74）65g

纽扣/直径1.5cm圆形3颗

针/5/0号钩针

密度

边长10cm的方形织片：编织花样A22针、
13行

钩织方法

★1股线、5号针钩织。

[披风]

1 下摆处起针，用本白色线连续钩织前、
后身片，完成编织花样A。肩部按照图示
分别在8处的两侧减针。

2 用配色线在左、右前门襟处完成边缘

编织B，下摆处完成边缘编织A。

3 从身片的领窝处挑针钩织衣领，看着
身片的背面开始钩织第1行。

4 钩织花朵，挑起花朵中央的背面，将
10朵花朵缝在下摆周边上。

5 左前门襟上钉缝纽扣。挑起领窝的针
目，穿过飘带，并在飘带的端头缝上毛线
球。

[帽子]

1 头围起针，环形钩织与披风身片相同
的编织花样。

2 帽顶在8处重复减针，抽紧剩余针目。

3 头围完成边缘编织，钉缝花朵。

（花朵）11朵

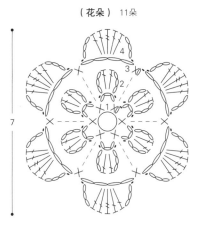

4行　鲑鱼粉色
1~3行　粉色
★线圈起针

[披风的前、后身片]

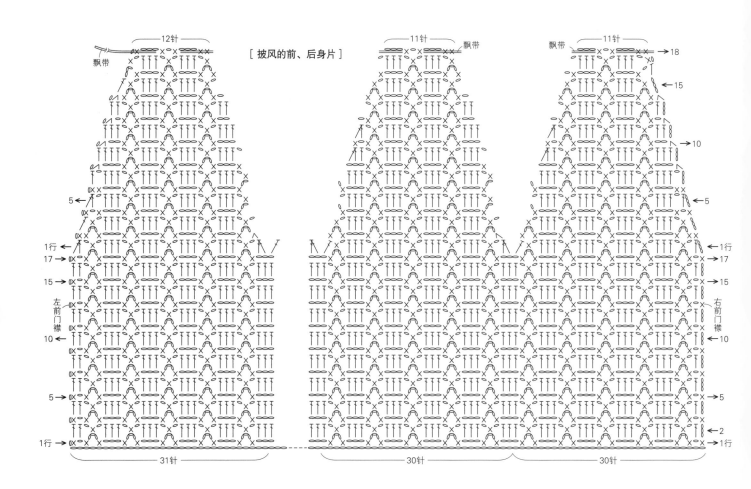

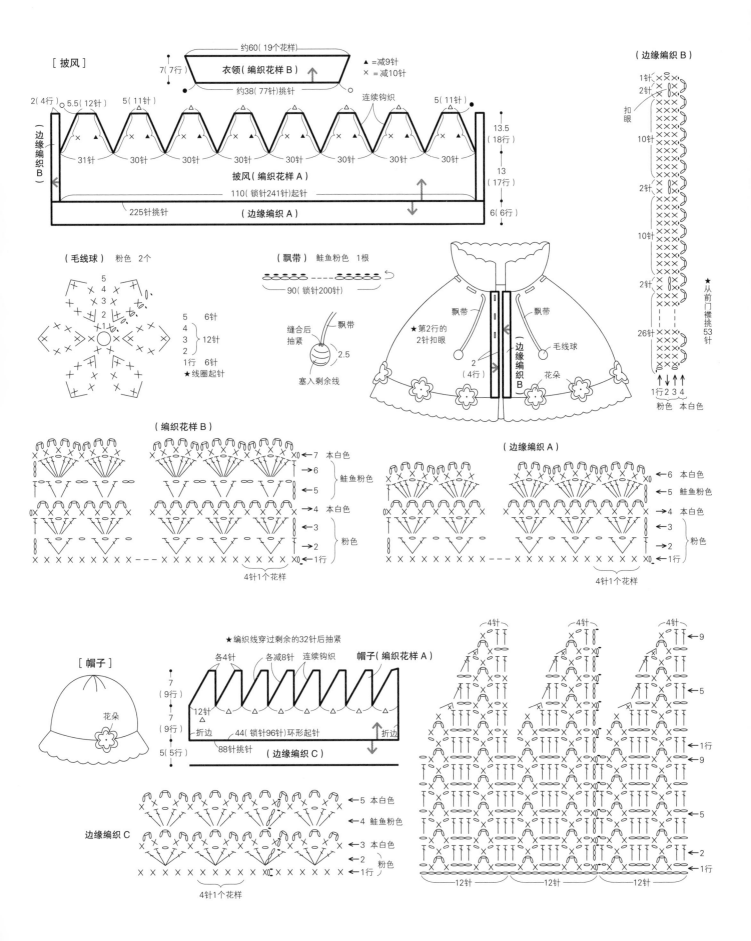

[披风]

衣领（编织花样B）

约60（19个花样）
7（7行）
约38（77针）挑针
▲ =减9针
× =减10针

2（4行） 5.5（12针） 5（11针） 连续钩织 5（11针）
（边缘编织B）

13.5（18行）
13（17行）
6（6行）

31针 30针 30针 30针 30针 30针 30针 30针
披风（编织花样A）
110（锁针241针）起针
225针挑针 （边缘编织A）

（毛线球） 粉色 2个

5
4
3
2
1

5 6针
4
3 12针
2
1行 6针
★线圈起针

（飘带） 鲑鱼粉色 1根
90（锁针200针）

缝合后抽紧
飘带
2.5
塞入剩余线

飘带 飘带
★第2行的2针扣眼
2（4行）
（边缘编织B）
毛线球
花朵

（边缘编织B）
1针
2针
扣眼
10针
2针
10针
2针
26针
★从前门襟挑53针
1行 2 3 4
粉色 本白色

（编织花样B）
7 本白色
6
5 鲑鱼粉色
4 本白色
3
2 粉色
1行
4针1个花样

（边缘编织A）
6 本白色
5 鲑鱼粉色
4 本白色
3
2 粉色
1行
4针1个花样

[帽子]
花朵

★编织线穿过剩余的32针后抽紧
各4针 各减8针 连续钩织 帽子（编织花样A）
7（9行）
12针
7（9行）
折边
5（5行）
44（锁针96针）环形起针
88针挑针
折边
（边缘编织C）

4针 4针 4针
9
5
1行

12针 12针 12针

边缘编织C
5 本白色
4 鲑鱼粉色
3 本白色
2 粉色
1行
4针1个花样

材料

线 / 和麻纳卡可爱宝贝（粗）本白色（2）
230g　和麻纳卡马海毛 Parfait（中细）本
白色（1）90g

纽扣 / 直径1.5cm 圆形4颗

针 /6/0号钩针

密度

边长10cm 的方形织片：编织花样17针、
9行，长针17针、8行

钩织方法

★羊毛线（可爱宝贝）和马海毛线均2股
线，用6/0号针钩织。

1　在披风的下摆起针直着钩织前、后身
片，完成编织花样，肩部钩织长针，分9
个单元在两侧进行减针。

2　在披风的肩部连续钩织风帽，在风帽
的第1行完成穿飘带的孔。

3　从披风的下摆处挑针完成边缘编织 A。
用卷针缝缝风帽的帽顶，然后在风帽周围
和前门襟钩织边缘编织 B。

4　风帽上钉缝短针钩织的耳朵，穿过领
窝的飘带两端缝上毛绒球。

5　利用右前门襟边缘编织 B 的1~2行
间的空隙作为扣眼，与之对齐后在左前门
襟上缝纽扣。

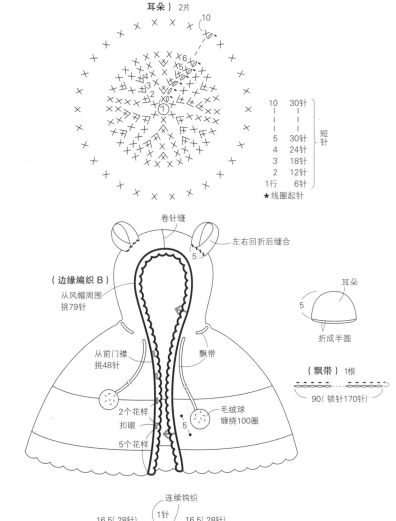

耳朵） 2片

| | 10 | 30针 |
| | 5 | 30针 | 短
| | 4 | 24针 | 针
	3	18针
	2	12针
	1行	6针

★线圈起针

卷针缝
左右回折后缝合
（边缘编织 B）
从风帽周围挑79针
从前门襟挑48针
飘带
2个花样 扣眼
5个花样
毛绒球缠绕100圈

耳朵
折成半圆

（飘带）1根
90（锁针170针）

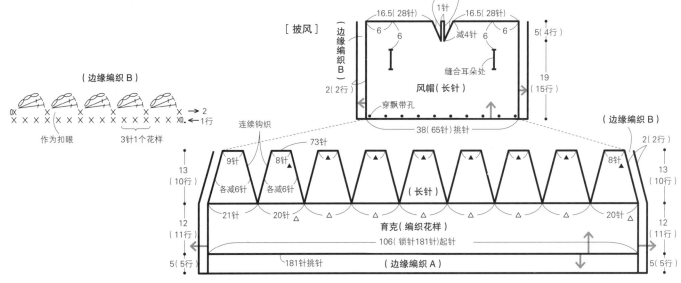

（边缘编织 B）

作为扣眼　　3针1个花样
←1行
→2

[披风]

16.5（28针）　连续钩织1针　16.5（28针）
6　减4针　6
6　　　　　6
风帽（长针）
缝合耳朵处
5（4行）
19（15行）
2（2行）　边缘编织 B
穿飘带孔
38（65针）挑针

连续钩织
73针
9针　8针
各减6针　各减6针
21针　20针
（长针）
8针
育克（编织花样）
106（锁针181针）起针
181针挑针　（边缘编织 A）
13（10行）
12（11行）
5（5行）
20针
2（2行）（边缘编织 B）
13（10行）
12（11行）
5（5行）

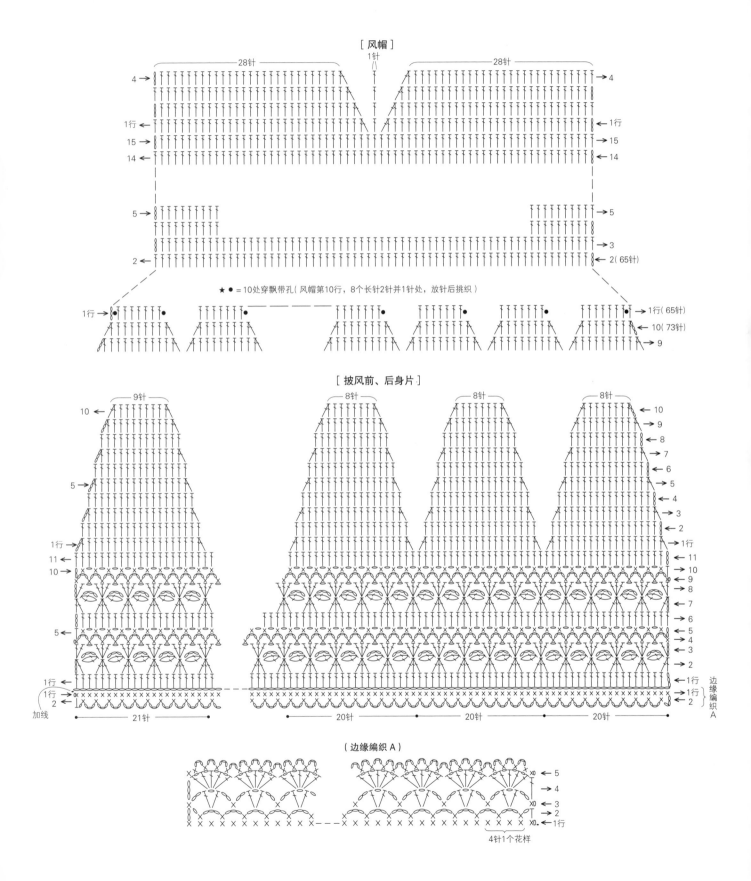

[风帽]

★ ● =10处穿飘带孔(风帽第10行，8个长针2针并1针处，放针后挑织)

[披风前、后身片]

加线

(边缘编织 A)

4针1个花样

材料

线/和麻纳卡 Fair Lady50（中粗）粉色
（9）100g，本白色（2）45g，郁金香花
片红色（21）、玫红色（93）、绿色（89）
各少许

针 /5/0号钩针

密度

边长10cm 的方形织片：编织花样22针、
10行

钩织方法

★1股线、5/0号针钩织。

1 钩织粉色的编织花样，完成前、后身
片。

2 接缝肩部，从袖窿的直边挑针，用本
白色线钩织网眼编织完成衣袖，将两侧衣
袖各4行与腋下缝合。

3 后门襟、领窝、下摆处完成边缘编织，
后门襟上缝飘带。

4 钩织郁金香的组成部分，花瓣、叶子、
花茎缝合一体后，用锁针缝缝在前、后身
片上。

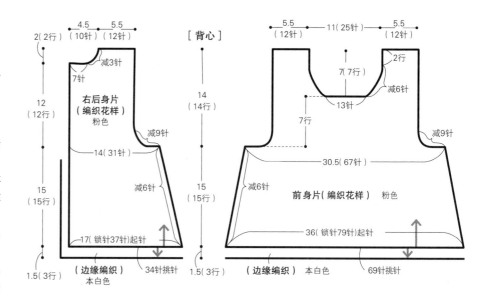

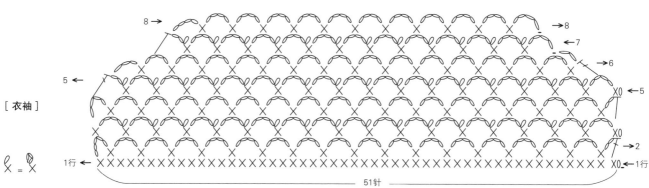

[衣袖]

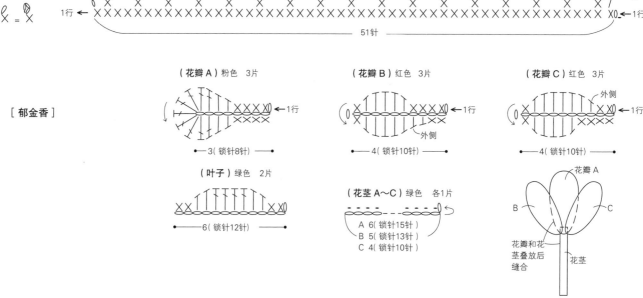

[郁金香]

（花瓣A）粉色 3片

（花瓣B）红色 3片

（花瓣C）红色 3片

（叶子）绿色 2片

（花茎A～C）绿色 各1片

A 6（锁针15针）
B 5（锁针13针）
C 4（锁针10针）

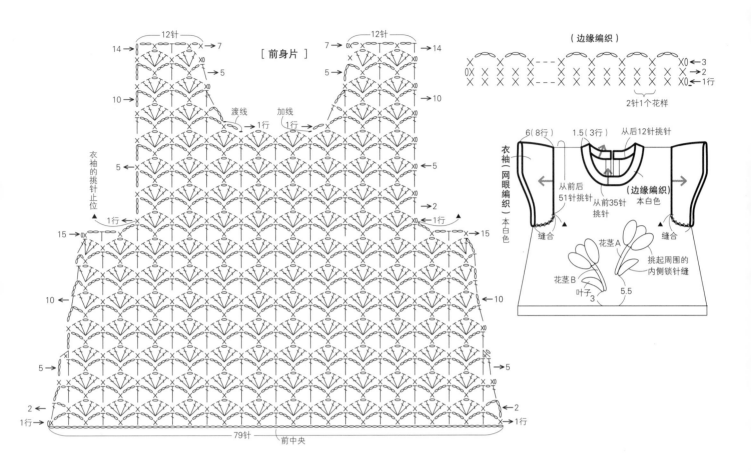

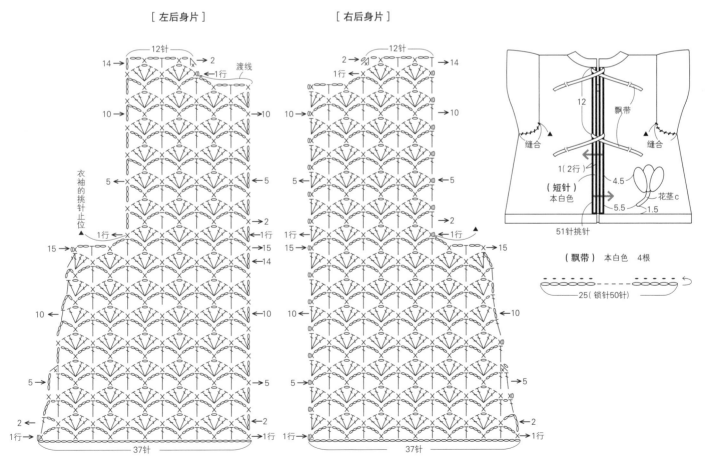

材料

线/和麻纳卡Four Ply（中细）酒红色（331）
170g
纽扣/直径1cm 圆形5颗
配件/宽6mm 胭脂红色天鹅绒飘带90cm
针/3/0号钩针
密度
密度边长10cm的方形织片：编织花样35
针、16行
钩织方法
★1股线、3号针钩织。

[开衫]

1 下摆处起针，前、后身片连续钩织到
胁处，胁之上分3部分钩织。下摆处完成
边缘编织。

2 衣袖也要完成编织花样，并连接到肩
部接缝好的身片上，对齐吻合标记，缝合
袖下。

3 前门襟、衣领、袖口处完成边缘编织。

4 钩织2片褶边，缝在前身片上。

[瓜皮帽]

1 环形钩织与开衫相同的编织花样。

2 环形钩织织片，海扇形花边朝上，与
帽子的头围叠放，钩织边缘编织 D 的第1
行时，将两者连为一体。

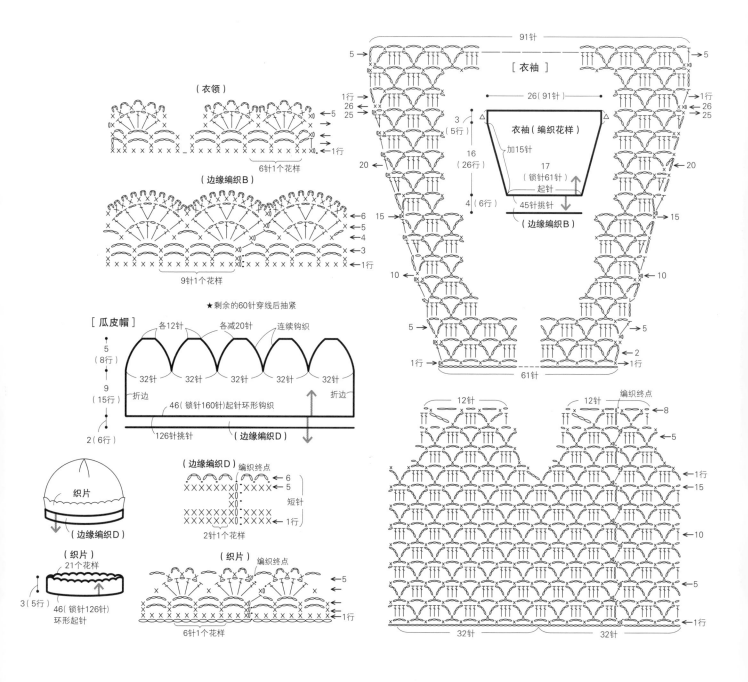

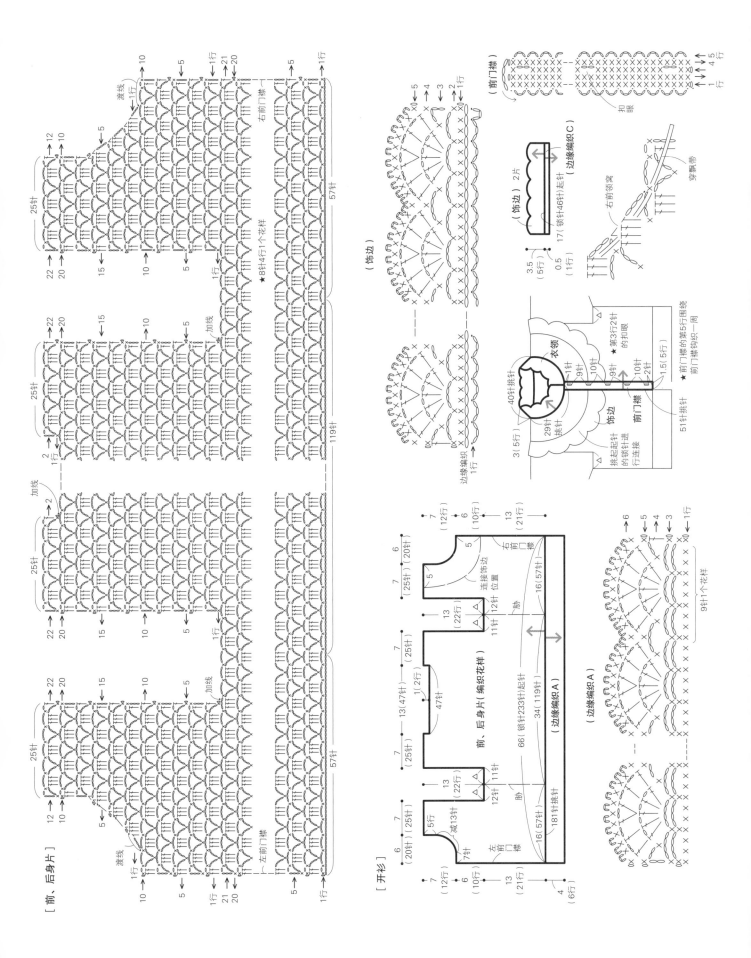

材料

线/和麻纳卡Four Ply（中细）深蓝色
（338）225g、本白色（302）15g

纽扣/直径1cm圆形2颗

配件/宽9mm本白色罗缎飘带1.25m，宽
3cm发卡1个

针/3/0号钩针

密度

边长10cm的方形织片：编织花样A 31针、
10.5行，编织花样B 27针、10.5行

钩织方法

★1股线、3/0号针钩织。

1　边缘编织和花片使用本白色线，身片、

裙片、衣袖、垂边腰饰使用深蓝色线钩织。
先钩织编织花样A完成前、后身片，然
后挑织身片的起针，钩织裙片。在裙片的
编织花样B中的长针部分，做分散加针。

2　钉缝袖下，袖口做边缘编织A，连接
衣袖和身片。

3　短针钩织后开口。领窝处做边缘编织B。

4　钩织垂边腰饰，边缘编织C处穿上
罗缎飘带。垂边腰饰放在连衣裙的腰部，
左、右侧边在前面中央处对齐后，与连衣
裙缝合一体。

5　钩织15片花片，裙子下摆处点缀14
片，另外1片放在发卡上，作为发饰。

（边缘编织A）
2针1个花样

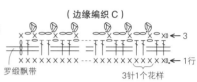

（边缘编织B）
2针1个花样

（边缘编织C）
罗缎飘带
3针1个花样

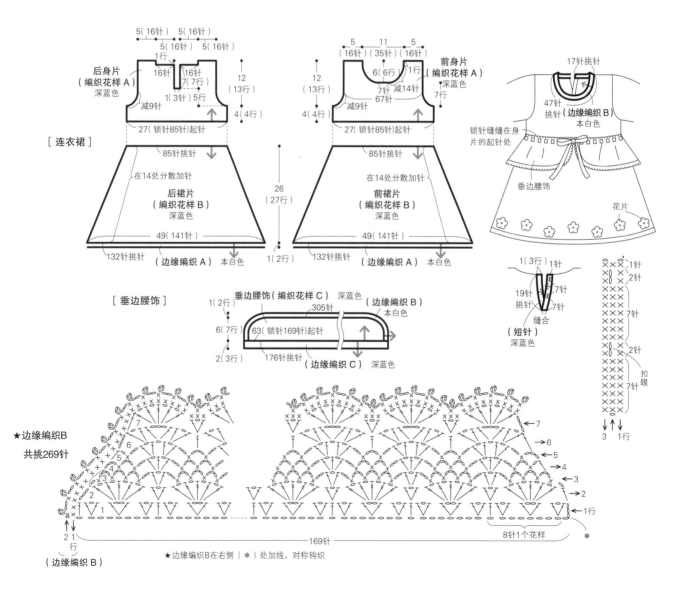

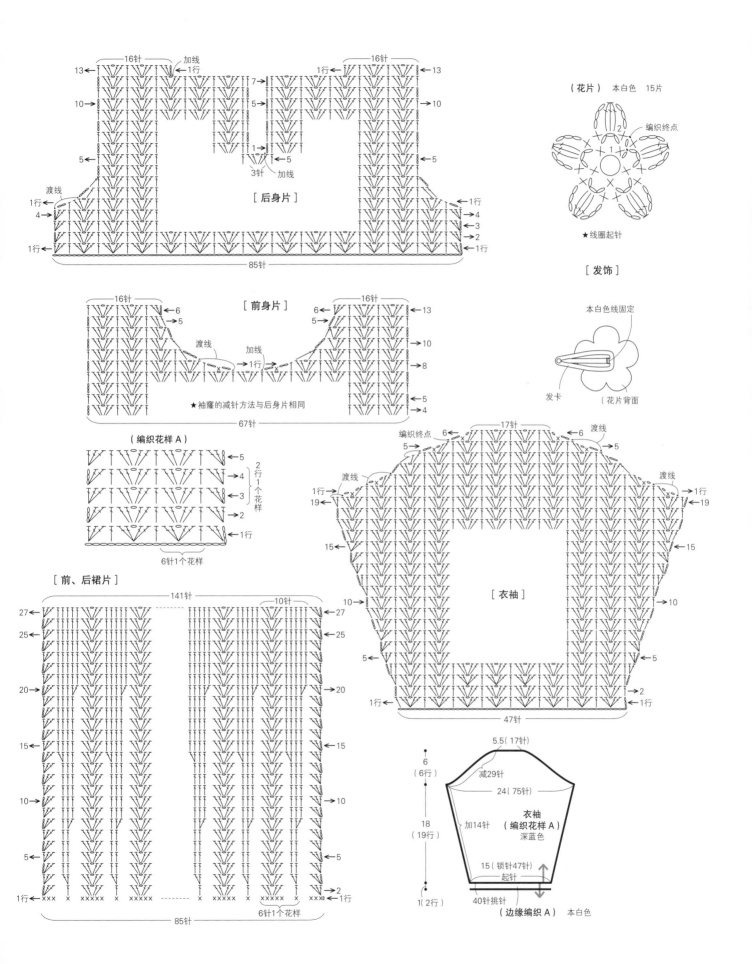

16针　　加线　　1行　13

16针　　1行　13

10　　7　　10

5　　5

5　　1　　5

3针　加线

渡线

1行　　[后身片]

4　　4

3

2

1行　　1行

85针

（花片）　本白色　15片

2

1　编织终点

★线圈起针

[发饰]

16针　　6　　[前身片]　　6　　16针　　13

5　　5

10

渡线　　加线　　8

1行

5　　5

4　　4

67针

★袖窿的减针方法与后身片相同

（编织花样A）

本白色线固定

发卡　　（花片背面）

5

4　　2行1个花样

3

2

1行

6针1个花样

[前、后裙片]

17针　　渡线

编织终点　　6　　6

5　　5

渡线

渡线　　1行

1行　　19

19

15　　15

10　　[衣袖]　　10

141针　　10针

27　　27

25　　25

5　　5

2

1行　　1行

20　　20

47针

15　　15

5.5（17针）

减29针

6（6行）

24（75针）

10　　10

18（19行）

加14针　　衣袖（编织花样A）深蓝色

5　　5

5　　5

15（锁针47针）起针

2　　1　　2

1行

1（2行）

40针挑针

1行　××××　×××××　×　×××××　－－－－　×　×××××　×××　1行

6针1个花样

（边缘编织A）本白色

85针

59

材料

线 / 和麻纳卡 Exceed Wool FL(粗)绿色
(241)150g，红色（ 211)、玫红色（ 214)
各25g，紫色（ 215)20g

纽扣 / 直径1.3cm 圆形3颗

针 /4/0号钩针

密度

编织10cm 的方形织片：编织花样21针、
12行

钩织方法

★各种颜色均1股线、4/0号针钩织。

[A 形连衣裙]

1 绿色线钩织前、后片和衣袖。前、后
裙片的编织花样钩织方法相同，按照图示
在9处分散减针，连续钩织上身片。

2 接缝肩部，钉缝胁处，由袖窿处挑针
钩织衣袖。

3 领窝处做边缘编织，后开口处钩织短
针。

4 按照图示顺序环形钩织连接2行18片
花片，用绿色线锁针缝缝在裙摆上，注意

隐蔽针迹。

[发带]

1 将7片花片钩织连接成1行。如图所
示，将飘带缝在花片上。

2 如图所示将飘带固定在左右两边的花
片上。

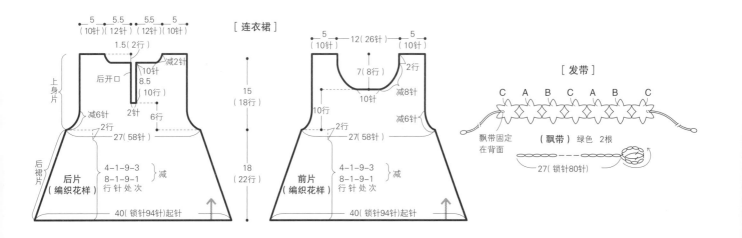

[连衣裙]

[发带]

[裙片]

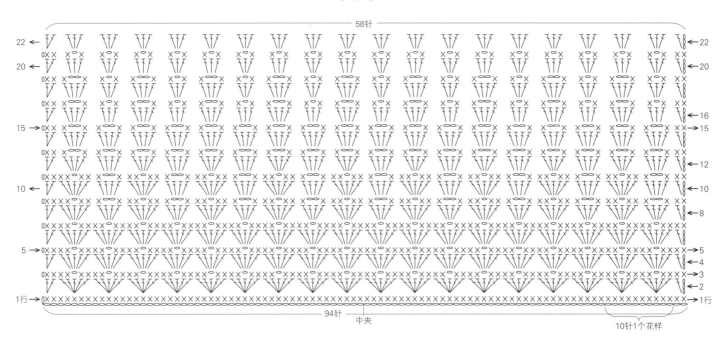

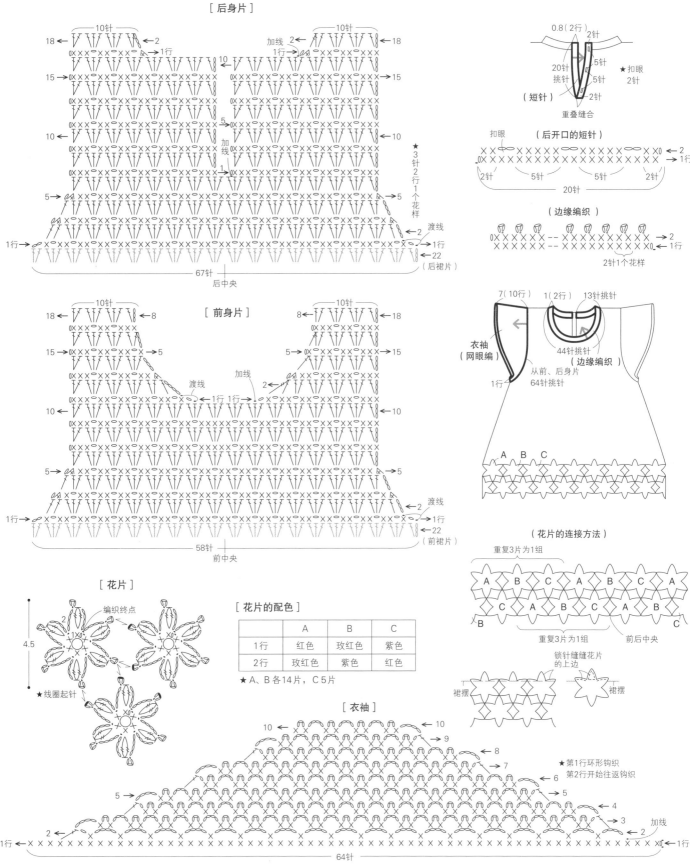

材料

线 / 和麻纳卡 Tharia（粗段染线）绿色系（3）90g　和麻纳卡纯毛中细本白色（1）40g

纽扣 / 直径1.5cm 圆形1颗

针 /5/0号、4/0号钩针

密度

边长10cm 的方形花片：编织花样21针、10行

钩织方法

★ Tharia 线用5/0号针，纯毛中细线用4/0号针，均1股线钩织。

[无纽扣上衣]

1 用绿色系线钩织编织花样，完成前、后身片。

2 接缝肩部，钉缝胁处，领窝、前门襟、下摆和袖窿处完成边缘编织 A。

3 前门襟的上面缝飘带，左前门襟用本白色线缝纽扣。

[手提包]

1 环形钩织与上衣相同的编织花样。缝合包底，看着手提包的内侧，钩织包口处的边缘编织 B，并用熨斗烫压，将其折至正面。

2 钩织提手，锁针缝缝在包口的背面。

[手提包]

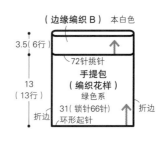

[无纽扣上衣]

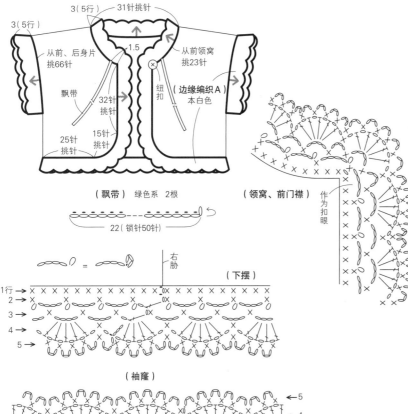

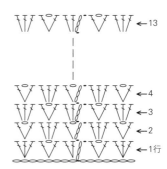

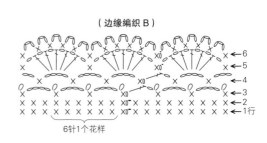

[后身片]

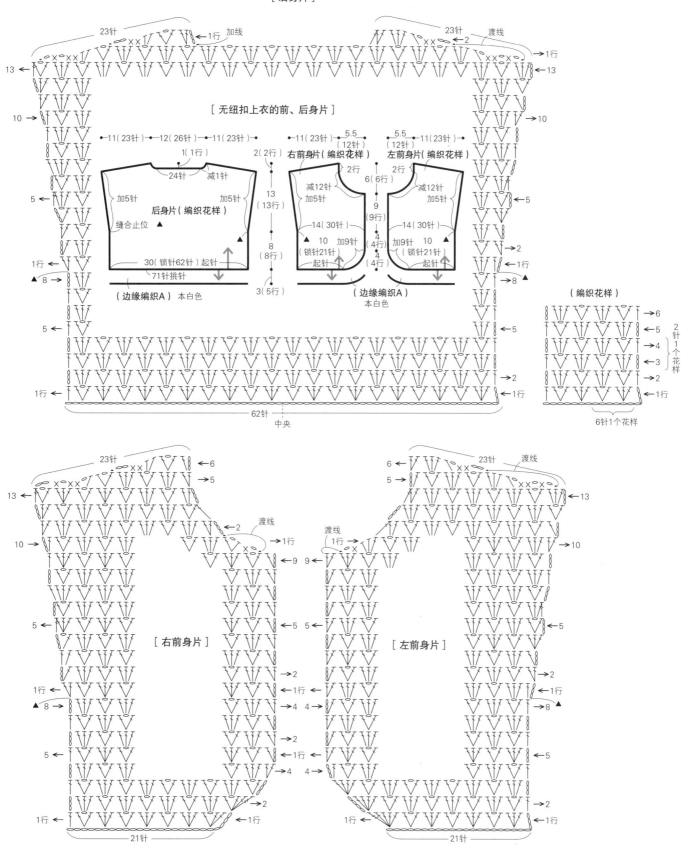

23针 ←1行 加线
23针 ←2 渡线
←1行
13 ←
→13
10 ←
→10

[无纽扣上衣的前、后身片]

•—11(23针)—•—12(26针)—•—11(23针)—•
1(1行)
24针 减1针
加5针   加5针
后身片(编织花样)
缝合止位 ▲   ▲
30(锁针62针) 起针
71针挑针

2(2行)
13
(13行)
8
(8行)
3(5行)

•—11(23针)— 5.5   5.5 —11(23针)—•
(12针)(12针)
右前身片(编织花样)   左前身片(编织花样)
2行   2行
减12针   6(6行)   减12针
加5针   加5针
9
(9行)
14(30针) 14(30针)
4
▲   10 加9针 4 加9针 10 ▲
(锁针21针) (4行) (锁针21针)
起针   4   起针
(4行)

(编织花样)
→6
→5   2
←4   针
←3   1
←2   个
←1行   花
6针1个花样   样

5 ←   →5
1行 ←   →1行
▲ 8 →   →8 ▲

5 ←   →5
1行 ←   ←1行

62针
中央

[右前身片]   [左前身片]

23针 →6   6 ← 23针 渡线
→5   5 →
13 ←   →13
2 渡线
10 →   →1行   渡线 →10
→9   9 → 1行

5 ←   ←5   5 →   →5

1行 ←   →2   →2
→1行   ←1行
▲ 8 →   4 4 →   →8 ▲

5 ←   →2   →2
→1行   ←1行
→4   4 →

1行 ←   →2   →2
→1行   ←1行
21针   21针

(边缘编织A) 本白色   (边缘编织A)
本白色

63

★帽子的钩织方法参见66页。

材料

线／和麻纳卡纯毛中细本白色（1）170g、
粉色（14）50g、绿色（22）15g
纽扣／直径1.3cm 圆形5颗
针／3/0号钩针

密度

边长10cm的方形织片：编织花样27针、
12行

钩织方法

★1股线、3/0号针钩织。

[开衫]

1 用本白色线钩织编织花样完成前、后

身片和下摆。编织花样中5针长针的爆米
花针钩织方法参见78页。奇数行与偶数
行的挂线方法不同，钩织结束后注意整理
针目，以形成整齐的椭圆形花样。

2 接缝肩部，钉缝胁处，领窝、前门襟、
下摆处连续进行边缘编织。

3 钉缝袖下，袖口处完成边缘编织，将
衣袖连接在身片上。

4 飘带缝在领窝上。对齐边缘编织的扣
眼，用缝线将纽扣缝在左前门襟上。

5 钩织花朵和叶子，分别将每组花朵和
叶子缝在一起后，装饰在下摆和袖口处。

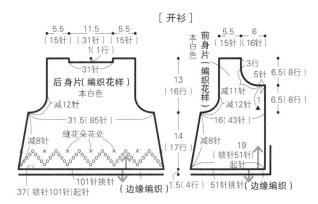

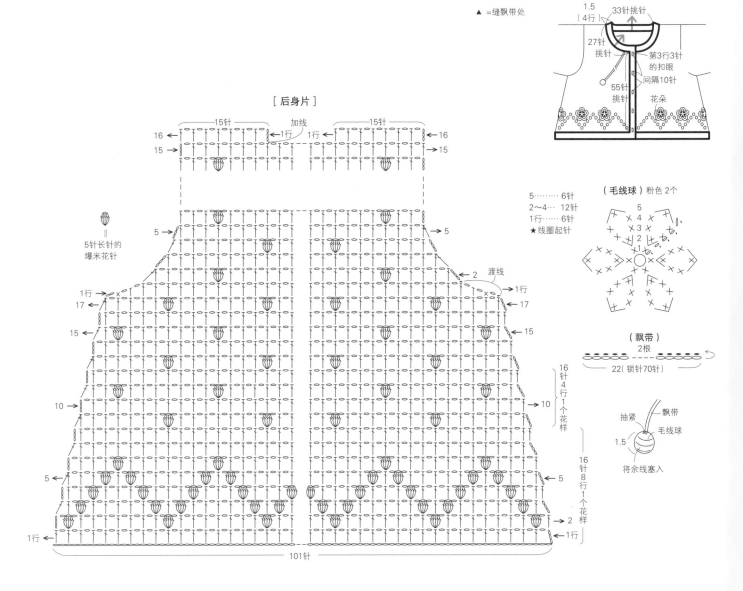

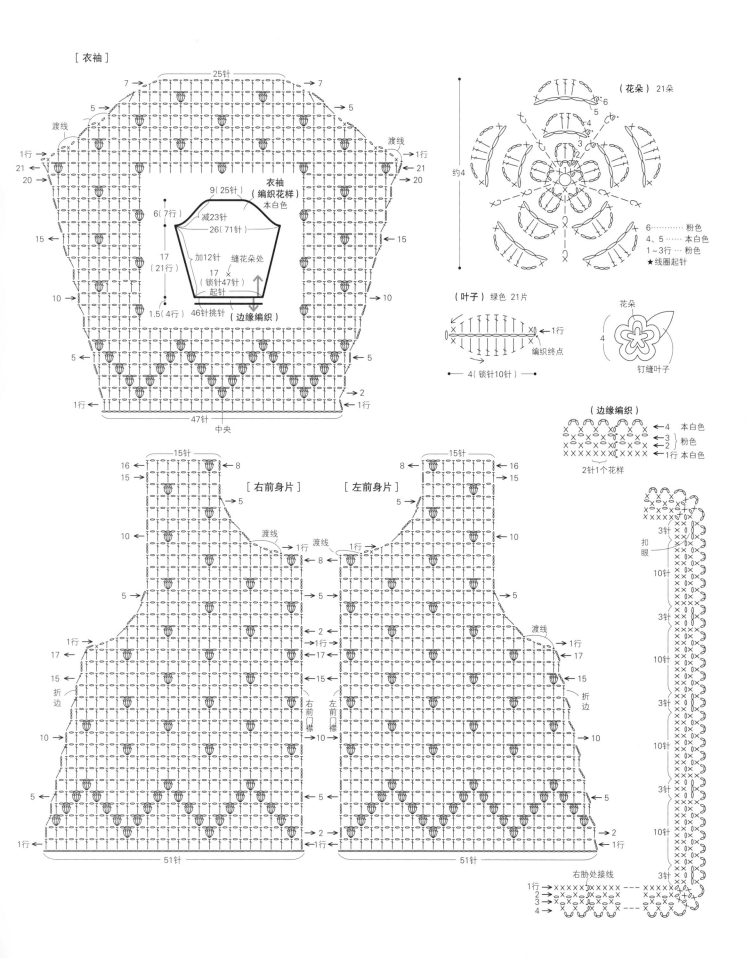

[衣袖]

25针

衣袖
（编织花样）
本白色

9（25针）
减23针
26（71针）
加12针
缝花朵处
17
（锁针47针）
起针
46针挑针　（边缘编织）

6（7行）
17（21行）
1.5（4行）

渡线　1行　21　20　15　10　5　1行
渡线　1行　21　20　15　10　5　2　1行
47针　中央

（花朵）21朵

6………粉色
4、5……本白色
1～3行…粉色
★线圈起针

（叶子）绿色 21片
1行　编织终点
→ 4（锁针10针）

花朵　4
钉缝叶子

（边缘编织）
←4 本白色
←3 粉色
←2 粉色
←1行 本白色
2针1个花样

[右前身片]　[左前身片]

15针

16　8　15　5　10　渡线　1行　8　5　2　17　15　10　5　1行
51针

扣眼
3针
10针
3针
10针
3针
10针
3针
10针
3针

右胁处接线
1行
2
3
4

★贝雷帽的材料参见64页。

钩织方法

1 头围起针，环形钩织与开衫相同的编织花样。整体8等分，按照图示做加针和减针，钩织成图示形状。

2 头围做边缘编织，抽紧帽顶剩余的针目。装饰缝合好的花朵。

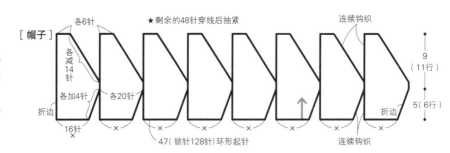

[帽子]

各6针　★剩余的48针穿线后抽紧　连续钩织

各减14针

各加4针　各20针

9（11行）

5（6行）

折边　16针　47（锁针128针）环形起针　连续钩织　折边

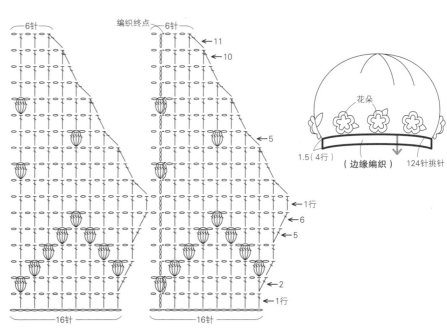

6针　编织终点　6针

←11
←10

←5

←1行
←6
←5

←2
←1行

16针　16针

花朵

1.5（4行）　（边缘编织）　124针挑针

★汽车贴花片的钩织方法参见 P80。

材料

线/和麻纳卡Fair Lady50（中粗）绿色（89）105g、紫色（100）30g；汽车贴花片用线红色（21）8g，黄色（95）、深蓝色（27）各少许

纽扣 / 直径1.5cm 圆形4颗，9mm 圆形按扣1组

针 /5/0号钩针

密度

边长10cm 的方形织片：编织花样19针、9行

钩织方法

★1股线、5/0号针钩织。

1 下摆处起针，钩织前、后身片，完成绿色线的编织花样。从胁上开始分3处钩织肩部。

2 接缝肩部，用紫色线钩织短针的边缘编织。领窝、前门襟、下摆、袖口加线环形钩织3行。

3 扣眼使用左前门襟的编织花样的锁针针目，对齐扣眼，在右前门襟缝纽扣。

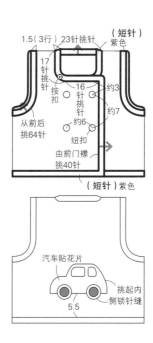

1.5（3行）23针挑针　（短针）紫色

17针挑针

按扣

16针挑针　约3

约7

从前后挑64针

由前门襟挑40针

约6

纽扣

（短针）紫色

汽车贴花片

挑起内侧锁针缝

5.5

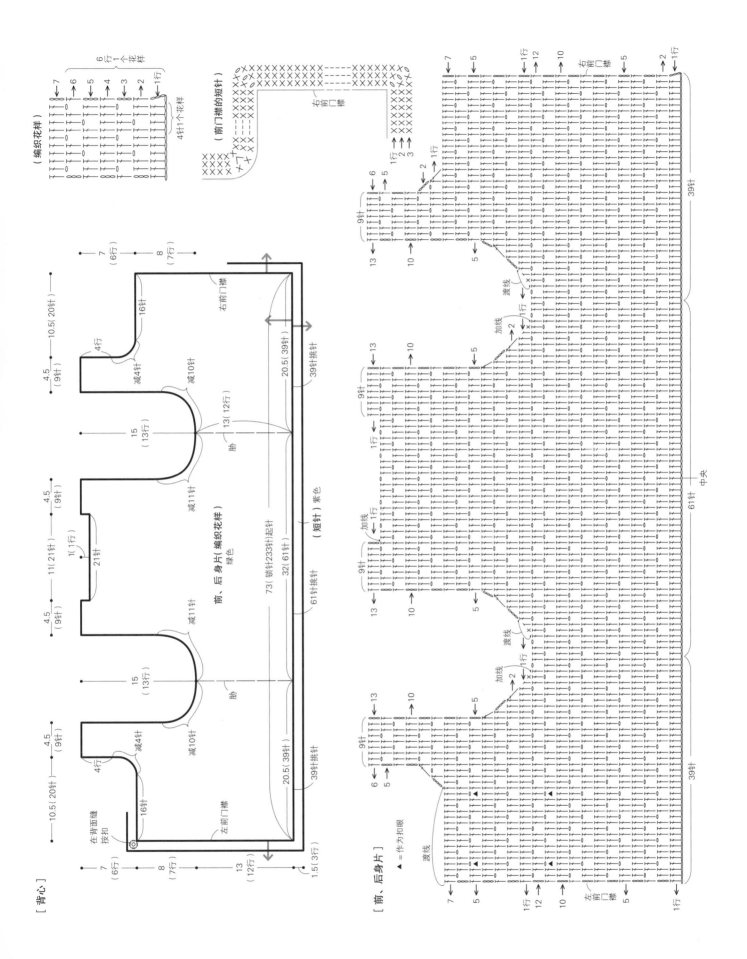

材料

线 / 和麻纳卡 Fair Lady50（中粗）孔雀蓝色（102）170g，本白色（2）、绿色（89）各65g，蓝色（80）25g

纽扣 / 直径8mm 黑色瞳孔形纽扣4颗

配件 /24cm 开放式拉链1根

针 /5/0号钩针

密度

边长10cm的方形织片：编织花样A19针、12行，编织花样B和长针19针、9行

钩织方法

★1股线、5/0号针钩织。

1 下摆处起针，胁处用本白色线钩织长针，胁之上完成配色的编织花样A。

2 接缝肩部，从前领窝、后开口处挑针钩织编织花样B完成风帽，接缝帽顶处。

3 衣袖做编织花样B，连接袖山和袖窿后钉缝袖下。

4 按照图示完成边缘编织，前门襟处缝上拉链。

5 钩织猫咪贴花片，锁针缝缝在前面下摆处。

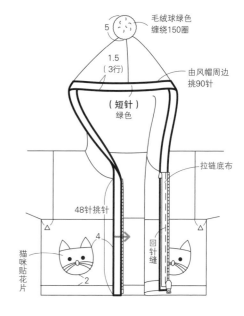

毛绒球绿色
缠绕150圈

5

1.5
（3行）

（短针）
绿色

由风帽周边挑针90针

48针挑针

拉链底布

回针缝

猫咪贴花片

4

2

[衣袖]

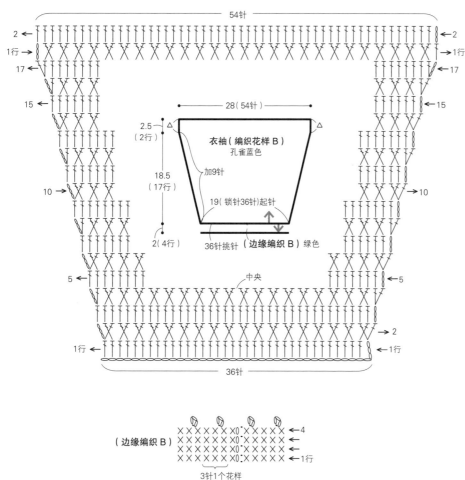

54针

2
1行
17
15

28（54针）

2.5
（2行）

衣袖（编织花样B）
孔雀蓝色

加9针

18.5
（17行）

19（锁针36针）起针

2（4行）

36针挑针　（边缘编织B）绿色

中央

10

5

5

2

1行

36针

（边缘编织B）

X0

3针1个花样

4
1行

[猫咪贴花片]

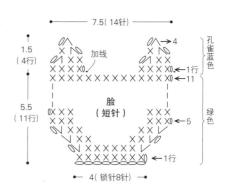

7.5（14针）

1.5
（4行）

加线

4
1行

X0

11

孔雀蓝色

5.5
（11行）

脸
（短针）

X0

5

X0

1行

绿色

4（锁针8针）

（鼻子）孔雀蓝色 2片

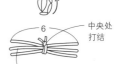

（胡须）孔雀蓝色线3股

6

中央处打结

纽扣

鼻子叠放在胡须之上，锁针缝

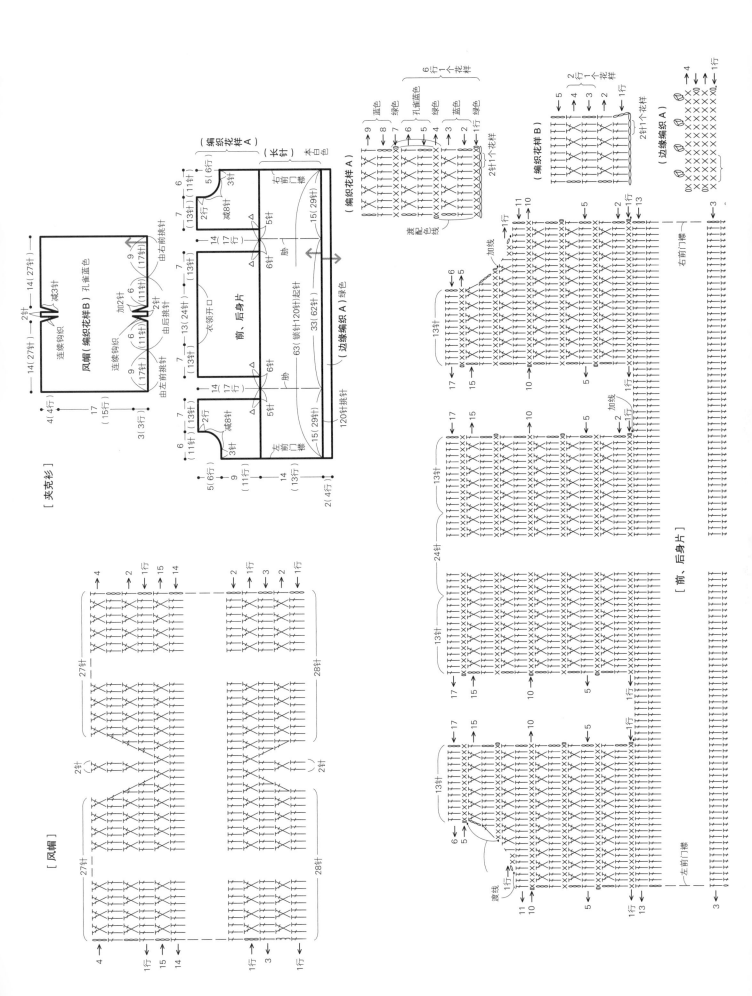

材料

线 / 和麻纳卡 Fair Lady50(中粗)深蓝色
(28)、蓝色(80)各135g，灰色(48)40g

纽扣 / 直径1.8cm 圆形翠绿色3颗、翠蓝
色2颗

针 /5/0号钩针

密度

边长10cm 的方形织片：编织花样19针、
12行，长针19针、9行

钩织方法

★均1股线、5/0号针钩织。

[夹克衫]

1 左前身片钩织横条纹花样，后身片、
右前身片用深蓝色线钩织长针，衣袖用蓝
色线钩织长针。

2 接缝肩部，连接衣袖和袖窿，接缝吻
合标记，缝合胁处、袖下。

3 领窝、下摆、前门襟处用蓝色线钩织，
袖口用深蓝色线钩织边缘编织 B，口袋缝
在后身片上。

4 用缝线将颜色不同的纽扣缝在前门襟
上。

[帽子]

1 用深蓝色线环形钩织长针，帽顶在6
处减针。

2 头围钩织边缘编织 B，缝上护耳，帽
顶加上毛绒球。

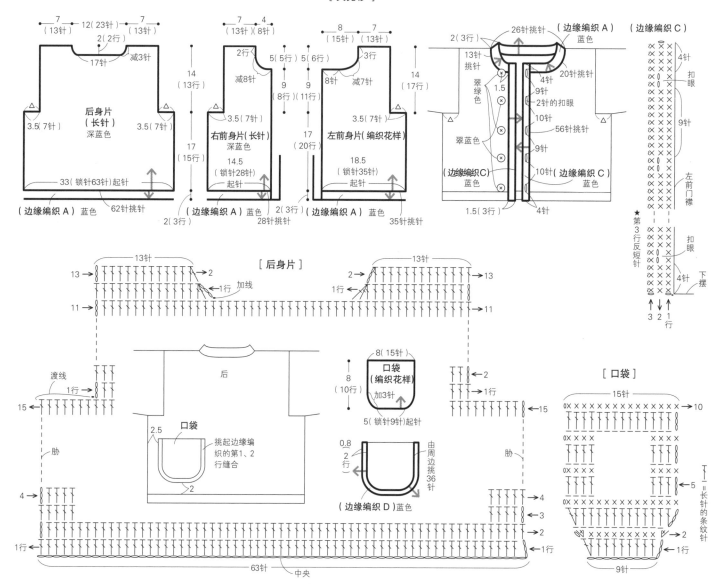

[夹克衫]

[后身片]

[口袋]

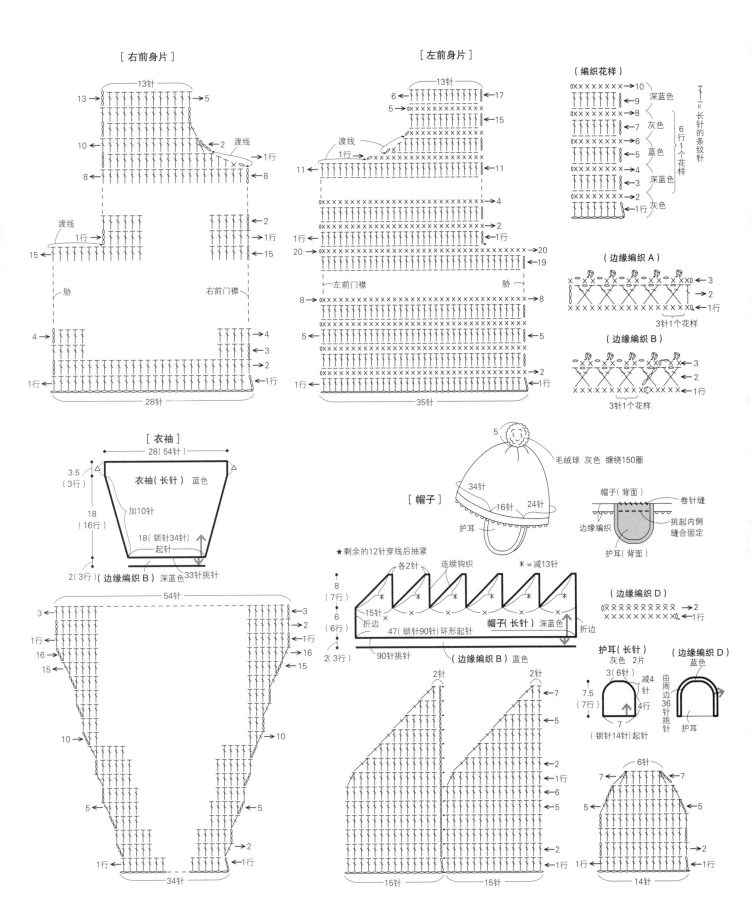

材料

线 / 和麻纳卡 Exceed Wool FL(粗)黑色

(230)130g，灰色(229)80g，本白色(20)

60g

针 /4/0号钩针

密度

边长10cm的方形织片：编织花样22.5针、

11.5行；每片花片均为边长8cm的正方形

钩织方法

★1股线、4/0号针钩织。

[披肩]

1　先钩织14片花片并相连成环形，从

花片的上侧挑针完成钩织编织花样 A，并

在7处减针、环形钩织身片。

2　领窝处挑针，钩织衣领。

3　钩织飘带并穿在衣领的第2行针目

中，飘带两端钩织端饰。

[帽子]

1　钩织6片与披肩相同花片，连续钩织

编织花样 A。

2　帽顶剩余6个针目穿线后抽紧。

（花片）22片

6、7　本白色
5　灰色
3、4　本白色
1、2行　灰色

★线圈起针

[帽子]

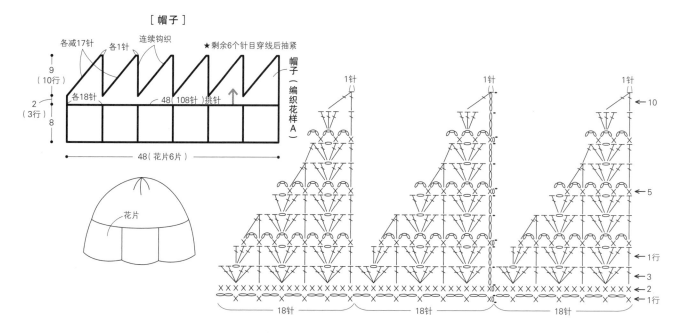

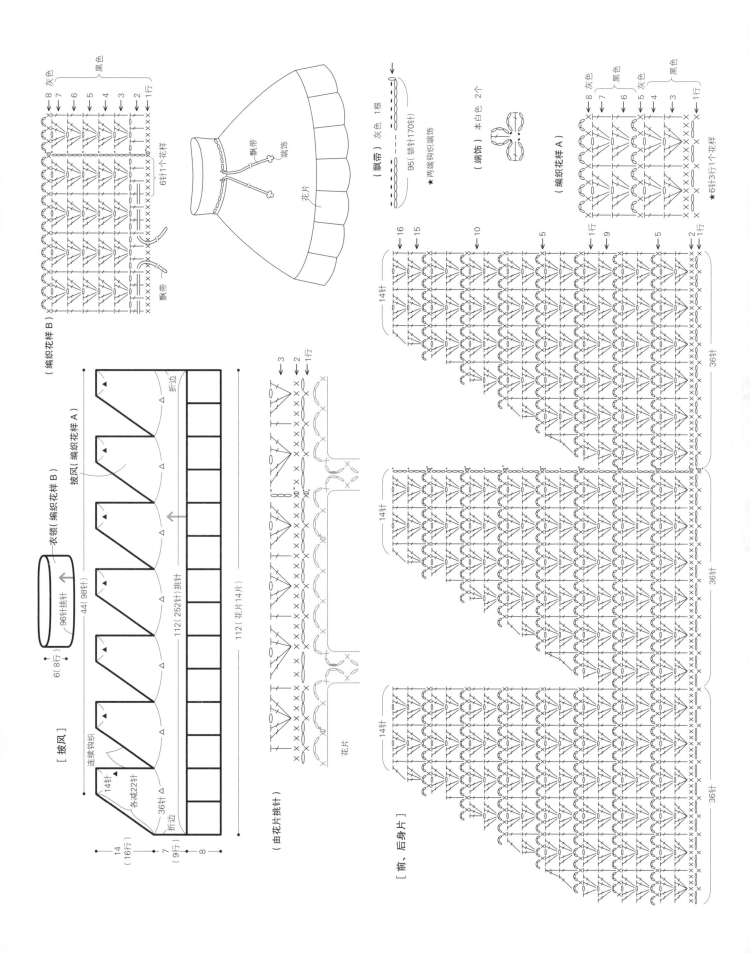

材料

线 / 和麻纳卡 Alpaca Extra (粗段染) 粉色系 (5) 370g　和麻纳卡 Lupo (超粗) 本白色 (1) 160g

纽扣 / 直径 2.5cm 圆包扣芯 5 颗

针 / 6/0 号、8/0 号钩针

密度

边长 10cm 的方形织片：钩织编织花样 19 针、8 行，长针 17 针、8 行

钩织方法

★ 和麻纳卡 Alpaca Extra 粉色系线用 2 股线、6/0 号针钩织，Lupo 织线用 1 股线、8/0 号针钩织。

1 前、后身片上的钩织编织花样中长针部分在中间减针。

2 接缝肩部，从衣领开口处挑针，长针钩织风帽。

3 衣袖对齐袖窿，接缝吻合标记。钉缝袖下、胁处。

4 袖口、下摆、风帽周边、前门襟处钩织长针作为饰边。

5 钩织耳朵锁针缝缝在风帽上，左前门襟上钉缝包扣。

[风帽]

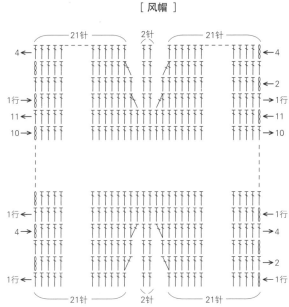

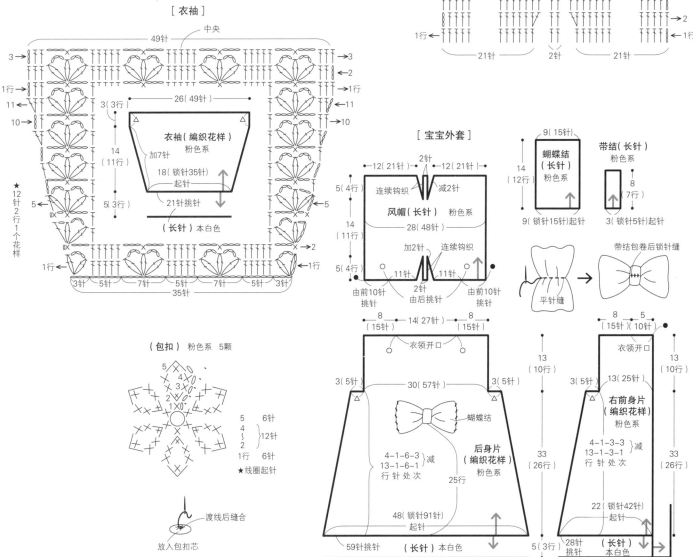

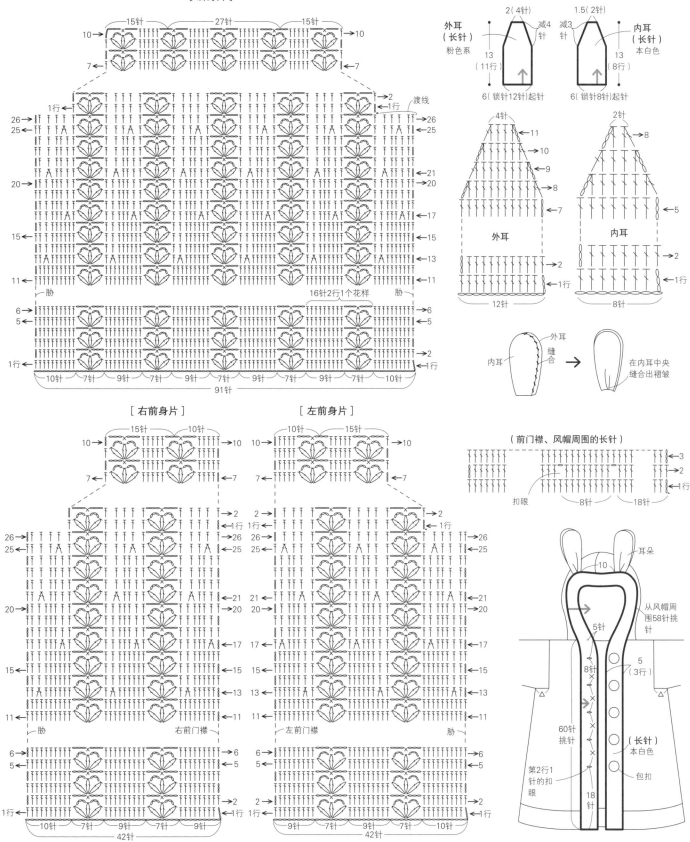

★小熊贴花片的钩织方法参见 P79。

材料

线 / 和麻纳卡 Fair Lady50(中粗) 本白色
(2)200g、驼色(52)140g 和麻纳卡马海
毛 Fine(中细) 本白色(1)210g

纽扣 / 直径5.5cm 梭形扣3颗、5mm 黑色
纽扣2颗

配件 /40cm 开放式拉链1根

针 /5/0号钩针

密度

边长10cm 的方形织片：钩织花样20针、
8.5行，长针19针、9行

钩织方法

★ Fair Lady 本白色和驼色各1股线，马
海毛本白色2股线，均用5/0号针钩织。
马海毛用于钩织编织花样的3行长针以及
风帽的耳朵。

1 根据钩织编织花样的配色完成前、后

身片和衣袖。逐个钩织枣形针的泡泡，装
饰身片和衣袖。预留加饰贴花片的空间。

2 接缝肩部，从衣领开口挑针，钩织长
针完成风帽。

3 连接衣袖和身片，钉缝袖下和胁处。

4 如图所示完成边缘编织 A，将拉链缝
在前门襟上。

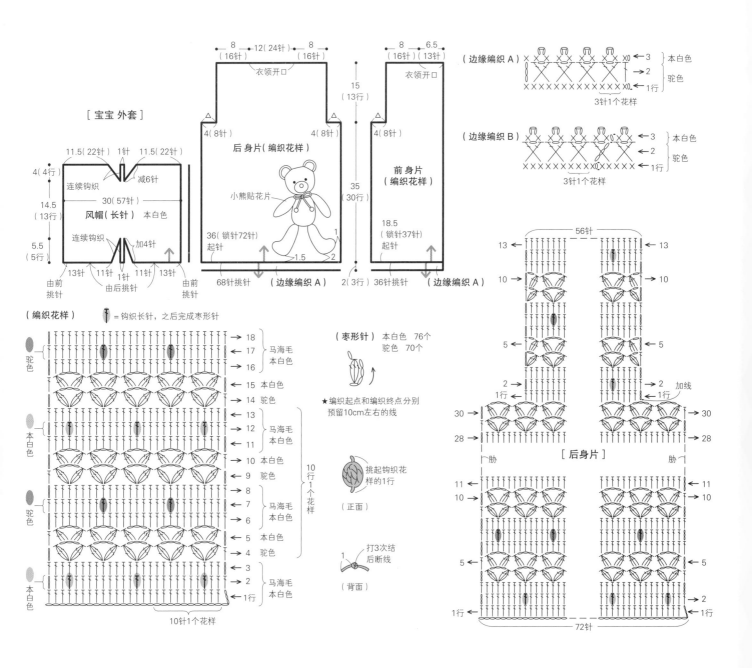

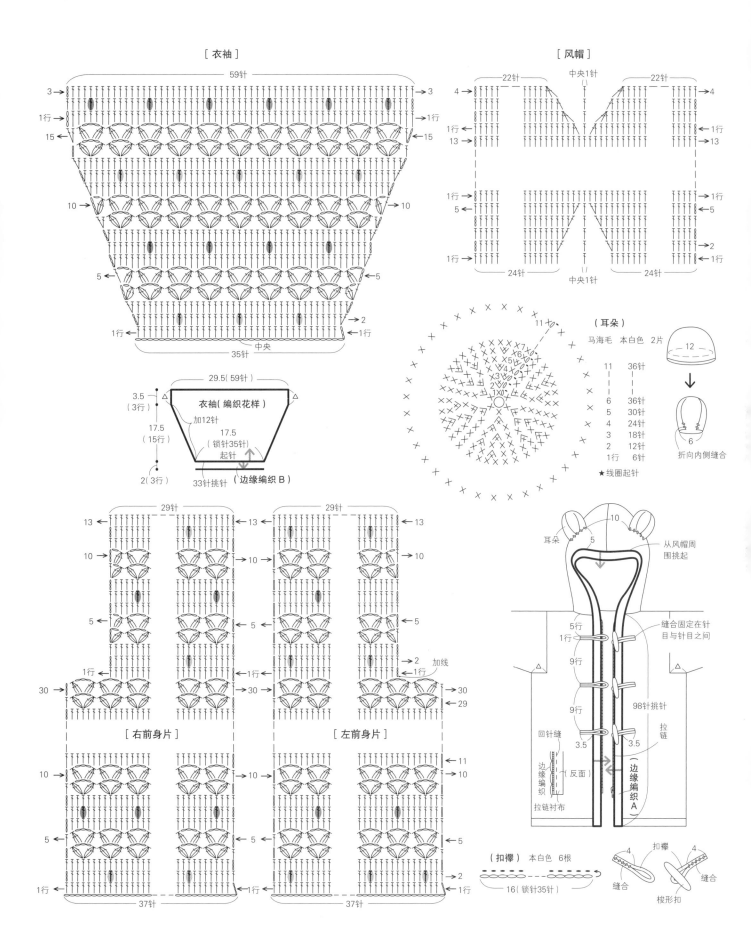

钩针编织符号及钩织方法

锁针

引拔针

短针

中长针
2针

长针
3针

长长针
4针

2针并1针
（中长针）

3针并1针
（长针）

枣形针
（3针长针并1针）

反短针
1

2

3

4

5

爆米花针
（5针长针）

1

1个针目织入5针
长针

[奇数行] 2 3 4 5
5针 1针

[偶数行] 2 3 4

正向钩织奇数行与反向钩织偶数行的钩织方法不同。1个针目织入5针长针，之后1次性引拔出。奇数行由后及前，偶数行由前及后入针引拔，完成同形花样。

钩针编织基础

花片的引拔连接
变终点行的1针锁针为引拔针，挑起相邻花片的锁针线圈进行连接。

线圈起针
用于中心处开始钩织的花片。制作双重线环，钩织1行后紧缩线圈。

条纹针
（短针）
环形钩织或进行正向奇数行钩织时，挑起前1行上面后侧的1根线进行钩织。剩余锁针前侧的1根线便呈现条纹花样。

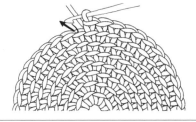

引拔钉缝
织片正面相对，引拔上面锁针的1根或2根线。

1 2 3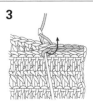

锁针钉缝
织片正面相对，比照1行针目的高度钩织锁针，在钩织行的起始侧引拔针固定。

1 2 3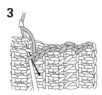

1 2 3 4 5

紧拉织线，闭合线圈

24... 帆船 15页

材料

线 / 和麻纳卡 Fair Lady50(中粗)本白色
(2)、蓝色(55)、青色(80)、黄色(95)
各少许

针 /5/0号钩针

钩织方法

★1股线、5/0号针钩织。分别钩织船帆和
船体。引拔针在船帆上用本白色线钩织线
条，之后连续钩织小旗，将船帆和船体锁
针缝缝在一起。

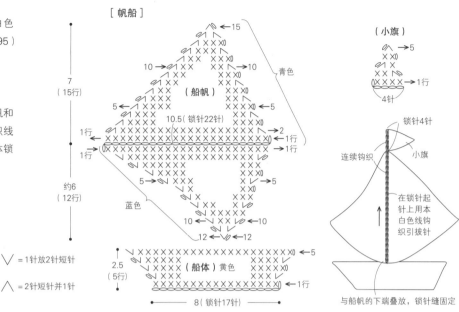

［帆船］

（船帆）

7（15行）

10.5（锁针22针）

约6（12行）

1行

蓝色

青色

2.5（5行）

（船体）黄色

8（锁针17针）

∨ = 1针放2针短针

∧ = 2针短针并1针

（小旗）

锁针4针

连续钩织

小旗

在锁针起
针上用本
白色线钩
织引拔针

与船帆的下端叠放，锁针缝固定

44... 小熊宝宝外套的贴花片 27页

★宝宝外套的材料、钩织方法等参见76页。

钩织方法

★钩织泰迪熊的各个组成部分，并锁针缝
缝在身体上。飘带缝在脖颈上。

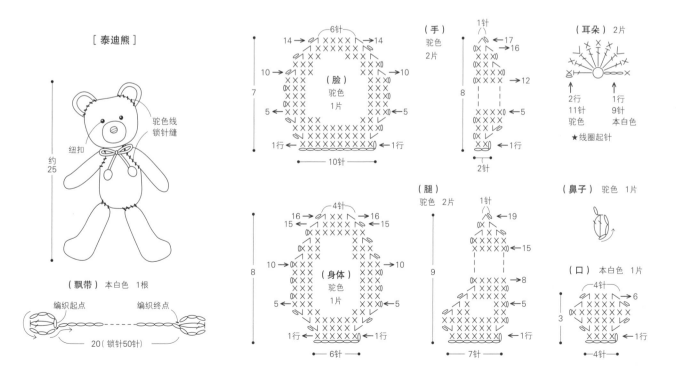

［泰迪熊］

驼色线
锁针缝

纽扣

约25

（脸）驼色 1片

（手）驼色 2片

（耳朵）2片
2行 11针 驼色
1行 9针 本白色
★线圈起针

（腿）驼色 2片

（鼻子）驼色 1片

（身体）驼色 1片

（口）本白色 1片

（飘带）本白色 1根

编织起点 编织终点

20（锁针50针）

21... 汽车 15页

★背心的材料、钩织方法等参见66页。

材料

线 / 和麻纳卡 Fair Lady50（中粗）红色
（21）8g、黄色（95）、深蓝色（27）各少许
针 /5/0号钩针

钩织方法

★1股线、5/0号针钩织。钩织车体、车窗、
车轮，将各部分缝合。

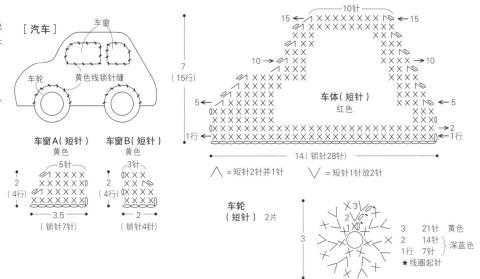

[汽车]

车窗　车窗

车轮　黄色线锁针缝

车窗A（短针）　车窗B（短针）
黄色　黄色
5针　3针
2（4行）　2（4行）
3.5　2
（锁针7针）　（锁针4针）

车体（短针）
红色
10针
15　15
10　10
5　5
2　2
1行　1行
14　锁针28针

∧ =短针2针并1针　∨ =短针1针放2针

车轮（短针）2片
3
3　21针　黄色
2　14针
1行　7针　深蓝色
★线圈起针

22... 棒球 15页

材料

线 / 和麻纳卡 Fair Lady50（中粗）本白色
（2）、和麻纳卡 Exceed Wool（粗）灰色
（229）各少许
针 /5/0号钩针

钩织方法

★1股线、5/0号针钩织。钩织棒球，引拔
针钩织出条纹。

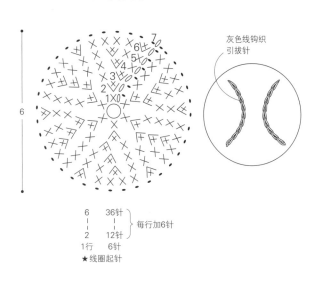

[棒球]

6

灰色线钩织
引拔针

6　36针
每行加6针
2　12针
1行　6针
★线圈起针

23... 小狗 15页

材料

线 / 和麻纳卡 Fair Lady50（中粗）本白色
（2）5g，灰色（48）少许
纽扣 / 直径5mm 黑色瞳孔形纽扣2颗
针 /5/0号钩针

钩织方法

★1股线、5/0号针钩织。钩织脸、耳朵、
鼻子。将各部分用锁针缝缝合。

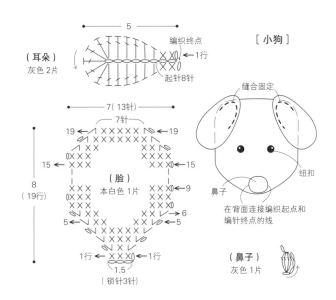

[小狗]

5

（耳朵）
灰色2片
编织终点
1行
起针8针

7（13针）
7针
19　19
15　15
8（19行）　9
（脸）
本白色1片
5　5
1行　1行
1.5
（锁针3针）

缝合固定

鼻子

纽扣

在背面连接编织起点和
编针终点的线

（鼻子）
灰色1片